高职高专机电类专业系列教材

电火花加工实训教程

（第二版）

主编　贾立新

参编　蔡　捷　李　烨

西安电子科技大学出版社

★ 内容简介 ★

本书主要包括电火花成形加工和电火花线切割加工等内容。全书分为 4 章，第一章为电火花成形加工基础知识，主要介绍电火花成形加工机理、加工工艺以及电火花成形加工机床的日常维护方法；第二章为电火花成形加工实训，主要介绍电极制作方法、电极找正、电火花型腔加工和电火花套料加工等实训项目；第三章为电火花线切割加工基础知识，主要介绍线切割加工原理、加工工艺、线切割机床的日常维护以及线切割加工编程方法；第四章为电火花线切割加工实训，主要介绍线切割加工编程、钼丝找正、工件切割和锥度切割等实训项目。

本书可作为高职高专院校"特种加工"课程的实训教材，也可作为数控技术及应用、机电一体化、机械制造专业相关课程的实训教材，还可供从事数控加工工作的工程技术人员参考。

★本书配有电子教案，需要者可登录出版社网站下载。

图书在版编目（CIP）数据

电火花加工实训教程 / 贾立新主编. —2 版. —西安：西安电子科技大学出版社 2015.7
（2022.4 重印）
ISBN 978 - 7 - 5606 - 3689 - 4

Ⅰ. ①电⋯　　Ⅱ. ①贾⋯　　Ⅲ. ①电火花加工—高等职业教育—教材　　Ⅳ. TG661

中国版本图书馆 CIP 数据核字(2015)第 135918 号

策划编辑　马晓娟
责任编辑　马晓娟
出版发行　西安电子科技大学出版社(西安市太白南路 2 号)
电　　话　(029)88202421　88201467　　　　　邮　　编　710071
网　　址　www.xduph.com　　　　　电子邮箱　xdupfxb001@163.com
经　　销　新华书店
印　　刷　咸阳华盛印务有限责任公司
版　　次　2015 年 7 月第 2 版　　2022 年 4 月第 8 次印刷
开　　本　787 毫米×1092 毫米　　　1/16　　　印张　9.5
字　　数　222 千字
印　　数　14 101～15 100 册
定　　价　24.00 元

ISBN 978 - 7 - 5606 - 3689 - 4/TG

XDUP 3981002 - 8

＊＊＊ 如有印装问题可调换 ＊＊＊

前　　言

本书自 2007 年 2 月出版以来，至今已印刷 4 次，销售量共计 10 000 余册。

随着教学改革的不断深入和电切削加工领域的技术进步，需要对本书进行更新和完善。本次修订对全书内容进行了调整，修订了原书中的错误，增加了知识网络图和检查评价表，使得全书内容更加明确，思路更加清晰，文字也更为流畅。

本书可作为高职高专院校"特种加工"课程的实训教材，也可作为数控技术及应用、机电一体化、机械制造专业相关课程的实训教材，还可供从事数控加工工作的工程技术人员参考。

本书由上海第二工业大学贾立新为主编，参编人员有上海第二工业大学的蔡捷老师和山东省聊城市技师学院的李烨老师。

由于编者水平有限，书中难免存在不足之处，恳请读者指正。

编　者

2015 年 6 月

第 一 版 前 言

本书是由中国高等职业技术教育研究会与西安电子科技大学出版社共同策划、组织的高职高专机电类专业系列规划教材之一，是针对目前高职高专机电类"特种加工"课程的需要而组织编写的。

特种加工技术是采用软的工具来加工硬的工件的加工方法，它有别于传统的金属切削加工工艺，主要用来加工难以加工的材料，以及复杂表面和有特殊要求的零件。

在特种加工领域中，电火花加工技术占有举足轻重的地位。电火花加工又称放电加工，是一种利用电能和热能进行的加工。在加工过程中，工具电极和工件电极之间不间断地产生脉冲性的火花放电，从而在工件电极表面产生局部、瞬间的高温，把金属蚀除掉。正是由于在加工中看得见火花，因此称为电火花加工，从而也就把此类机床称为电火花机。

本书主要包括电火花成形加工和电火花线切割加工两部分内容。全书分为 4 章，第一章为电火花加工基础知识，主要介绍电火花加工机理、加工工艺以及电火花加工机床及其日常维护方法；第二章为电火花加工实训，主要介绍电极制作方法、电极找正、电火花型腔加工和电火花套料加工等实训项目；第三章为电火花线切割加工基础知识，主要介绍线切割加工原理、加工工艺、线切割机床及其日常维护以及线切割编程方法；第四章为电火花线切割加工实训，主要介绍线切割编程、钼丝找正、工件切割和锥度切割等实训项目。

本书力求采用新颖的教学模式——STEP BY STEP，使学生可根据教材提供的实训步骤，顺利地完成实训课题。

本书可作为高职高专院校"特种加工"课程的实训教材，也可作为数控技术及应用、机电一体化、机械制造专业相关课程的实训教材，还可供从事数控加工工作的工程技术人员参考。

在本书编写过程中，作者参阅了国内外同行的有关资料、文献和教材，得到了许多专家和同行的帮助，也得到了上海第二工业大学机电工程学院领导的关心，在此一并表示感谢。凌燕斌老师为本书提出了许多宝贵意见，并校对了部分章节。

由于编者水平有限，且现代技术发展迅速，因此书中难免有不妥之处，望读者给予批评指正。

上海第二工业大学机电工程学院

贾立新

2006 年 10 月

目　　录

第一章　电火花成形加工基础知识

电火花加工又称放电加工(Electrical Discharge Machining，简称 EDM)，有称仿形加工的，有称电脉冲加工的，也有称电切削加工的。它是一种直接利用电能和热能进行加工的工艺方法。在加工中，靠工具电极和工件电极之间的脉冲性火花放电来蚀除多余的金属。由于加工过程中可看见放电火花，因此被称为电火花加工。

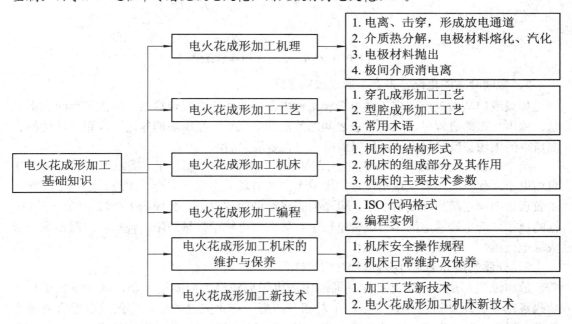

1.1　电火花成形加工机理

　　电火花成形加工的原理是基于工具电极和工件电极之间的脉冲性的火花放电来蚀除多余的金属，从而达到对零件的尺寸、形状和表面的加工要求的。放电腐蚀的现象早在 20 世纪 40 年代就被人们发现，如电器开关触点在通断时产生火花，造成触点烧毛或损毁。1940 年前后，前苏联的科学家拉扎连柯夫妇发现了这一现象，并将其成功地运用到电火花加工中。

　　火花放电时，工件表面的金属被电腐蚀掉，这究竟是什么原因呢？我们从微观的物理过程分析其现象就可得到电火花成形加工的机理。了解这一微观现象，有助于对电火花成形加工工艺基本规律的理解，也有助于对电规准(脉冲宽度、脉冲间隔、放电时间、放电峰值电流、峰值电压等参数)的理解，同时也对电火花加工机床提出了合理的操作要求。

从大量的实验资料上看，放电腐蚀的微观过程是相当复杂的，其间包含了电场力、磁场力、热力、流体动力和电化学力等综合作用的过程。这一过程可大致分为以下四个阶段：① 极间介质的电离、击穿，形成放电通道；② 介质的热分解，电极材料熔化、汽化；③ 电极材料的抛出；④ 极间介质的消电离，如图1-1所示。

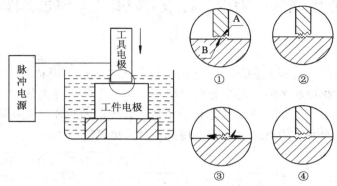

图1-1　电火花成形加工机理示意图

1．极间介质的电离、击穿，形成放电通道

如果我们从微观上观察工具电极和工件电极的表面，会发现这两个表面呈现凹凸不平状。放电加工的过程中，两个电极之间的放电间隙很小，在电场的作用下，距离最近的表面质点的电场强度是最大的，所以放电几率也是最大的。

两个电极之间的液体介质(通常是煤油)含有某种介质(金属粒子、碳粒子等)，存在一些自由电子，使极间介质呈现出一定的电导率。在电场的作用下，会产生场，致电子激发，由负极表面向正极表面发射电子。电子向正极运动的过程中，会撞击工作液中的分子或中性的原子，产生碰撞电离，形成带电粒子，导致带电粒子数量激增，使极间介质击穿，形成放电通道。

2．介质的热分解，电极材料熔化、汽化

放电通道形成后，脉冲电源使通道中的电子向正极方向高速运动，同时正离子会向负极运动。在运动过程中，带电粒子对相互碰撞，产生大量的热，导致放电通道内温度骤升。通道内的高温把工作液介质汽化，同时也使金属材料熔化，乃至沸腾、汽化。这些汽化后的工作液和金属蒸气，会瞬间体积膨胀，如同一个个小的"炸药"。若观察电火花成形加工过程，可以看到放电间隙处冒出很多小的气泡，工作液变黑，并能听到轻微的爆炸声。

3．电极材料的抛出

放电通道和正负极表面放电点瞬时高温使工作液汽化和金属材料熔化、汽化、热膨胀，这会产生很高的瞬时压力。通道中心部位的压力最高，汽化后的气体体积不断向外部膨胀，形成气泡。气泡向四处飞溅，将熔化和汽化了的金属抛出。抛出的金属遇到冷的工作液后凝聚成细小的颗粒。熔化的金属抛出后，电极表面形成一个放电痕，也称放电坑。

4．极间介质的消电离

随着脉冲电压和脉冲电流下降至零，标志了一次脉冲放电过程的结束。放电通道内的带电粒子重又恢复到中性粒子状态，恢复了放电通道处间隙介质的绝缘强度，同时新的工

作液不断地进入放电间隙中，使电极的表面温度得以不断降低，为下一周期的放电作准备。

上述电火花放电机理的四个阶段可以从脉冲电压和脉冲电流的波形上得到很好的解释，如图 1-2 所示。

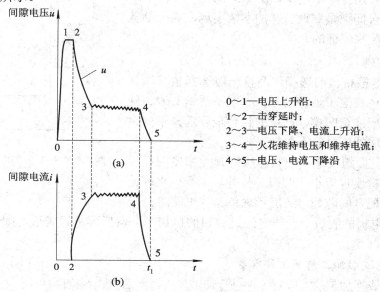

0～1—电压上升沿；
1～2—击穿延时；
2～3—电压下降、电流上升沿；
3～4—火花维持电压和维持电流；
4～5—电压、电流下降沿

图 1-2　极间放电电压和电流波形

在脉冲电压波形的 0～1～2～3 段和脉冲电流波形的 2～3 段，对应了放电通道的形成；而在脉冲电压波形的 3～4 段和脉冲电流波形的 3～4 段，对应了介质的热分解，电极材料熔化、汽化和电极材料的抛出；在脉冲电压波形的 4～5 段和脉冲电流波形的 4～5 段，对应了极间介质的消电离。

1.2　电火花成形加工工艺

电火花成形加工主要有两种类型：穿孔成形加工和型腔成形加工。下面就针对这两种加工类型来分析其加工工艺。

1. 穿孔成形加工工艺

电火花穿孔成形加工主要用来加工冲模、粉末冶金模、挤压模、型孔零件、小孔或小异形孔、深孔。其中冲模加工是电火花成形加工中加工最多的一种模具。

1) 冲模电火花成形加工方法

冲模加工中最关键的部件是凹模，凹模的尺寸精度靠工具电极来保证。因此，对工具电极的形状、尺寸精度和表面粗糙度都应有一定的要求。

在设计工具电极时，应根据工件的尺寸和单面的放电间隙加以考虑。工具电极的尺寸应等于工件相应尺寸减去两倍的单面放电间隙。单面放电间隙由脉冲参数和机床精度决定。所以，只要合理制订电规准，就可保证工件的加工精度。

对于冲模而言，凹模、凸模的配合间隙是一个很重要的质量指标，它的大小和均匀性都将直接影响加工零件的质量和模具的使用寿命。在电火花穿孔成形加工中，常采用"钢打钢"直接配合的方法。加工时，应将凹模刃口端朝下，形成向上的"喇叭口"，加工后将凹模翻过来使用，这就是冲模的"正装反打"工艺，如图 1-3 所示。

冲模的配合间隙是靠调节脉冲参数实现，靠控制脉冲火花放电间隙来保证的。

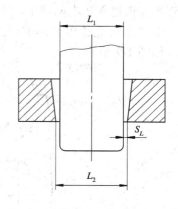

图 1-3　冲模的"正装反打"工艺

2) 工具电极

(1) 工具电极材料的选择。凸模一般选择碳素工具钢 T8A 或 T10A、滚子轴承钢 GCr/5 或不锈钢 Cr/2、硬质合金等，但应注意凹模、凸模的材料最好选择不同钢号，否则会造成加工时的不稳定。

(2) 工具电极的设计。工具电极的尺寸精度应高于凹模，表面粗糙度也应小于凹模。另外，工具电极的轮廓尺寸除考虑配合间隙外，还应考虑单面放电间隙。

(3) 工具电极的制造。一般先经过普通的机加工，然后再进行成形磨削；也可采用线切割，切割出凸模。

3) 电火花成形加工前的工件准备

在电火花成形加工前，应对工件进行切削加工，然后再进行磨削加工，并应预留适当的电火花加工余量。一般情况下，单边的加工余量以 0.3～1.5 mm 为宜，这样有利于电极平动。

4) 电规准的选择与转换

电规准是指电火花成形加工过程中选择的一组电参数，如电压、电流、脉(冲)宽(度)、脉(冲)间(隔)等。电规准选择的正确与否，将直接影响工件加工工艺的效果。因此，应根据工件的设计要求，工具电极和工件的材料，加工工艺指标和经济效益等因素加以综合考虑，并在加工过程中进行必要的转换。

一般来说，电规准分为粗、中和精规准。粗规准主要用于粗加工阶段，采用长脉宽、大电流、负极性加工，用以快速蚀除金属，此时电极的损耗比较小，生产效率较高。中规准是过渡性加工，用于减少精加工的加工余量，提高加工效率。精规准用来最终保证冲模的配合间隙、表面粗糙度等质量指标，应选择窄脉宽、小电流加工，适当增加脉间和抬刀次数，并选用正极性加工。

2. 型腔成形加工工艺

电火花型腔成形加工主要用来加工锻模、压铸模、塑料模、胶木模或型腔零件。型腔加工属于盲孔加工，工作液循环和电蚀物排除条件差，金属蚀除量比较大。另外，加工面积变化大，电规准的变化范围也较大。

1) 电火花型腔成形加工方法

电火花型腔成形加工主要有单电极平动法、多电极更换法和分解电极法等。

(1) 单电极平动法。单电极平动法在型腔加工中应用最为广泛。它是采用一个电极完成型腔的粗、中和精加工的全过程。加工过程中，首先采用低耗高效的粗规准进行加工，然后利用平动做精修，实现型腔侧面修光，完成整个型腔的加工。由于采用一个电极来完成加工全过程，电极损耗比较大，因此型腔精度相对会差些。

(2) 多电极更换法。多电极更换法是采用多个电极依次更换来加工同一个型腔的方法。每个电极加工时，必须把上一级规准的放电痕迹去掉。一般来说，电极更换时，需要考虑电极的定位装夹精度。目前常用的方法是采用瑞典 System 3R 公司的 3R 夹具(见图 1-4)。3R 夹具分为夹头和机械手两部分。夹头可方便地与工具电极组合装夹。夹头和工具电极组合成一体在铣床或加工中心上加工，随后装夹在电火花机床的主轴夹具上，无需再次对电极进行校准。机械手负责更换电火花机床主轴夹具上装夹的工具电极。

图 1-4 瑞典 System 3R 公司的机械手和 3R 夹头

(3) 分解电极法。此方法主要用在模具型腔面积大，深度深，形状复杂，底部有凹槽、窄槽、尖角、图案等的情况下。根据模具型腔的复杂程度不同，可将其几何形状分解成若干个部分，并针对这些小的部分来制作不同的工具电极。

2) 工具电极

(1) 工具电极材料的选择。电极一般选用耐腐蚀性较好的材料，如纯铜和石墨等。纯铜和石墨材料的特点是在粗加工时能实现低损耗，机加工时成形容易，放电加工时稳定性好。表 1-1 所示为常用电极材料的性能。

表 1-1 常用电极材料的性能

电极材料	电火花成形加工性能		机械加工性能	说 明
	加工稳定性	电极损耗		
紫铜	好	较小	较差	常用电极材料，但磨削加工困难
石墨	较好	较小	好	常用电极材料，但机械强度差，制造时粉尘较大，容易崩角
铸铁	一般	一般	好	常用电极材料
钢	较差	一般	好	常用电极材料
黄铜	较好	较大	一般	较少采用，电极损耗大
铜钨合金	好	小	一般	价格较贵，多用于硬质合金穿孔成形加工
银钨合金	好	小	一般	价格较贵，用于加工精密冲模

(2) 工具电极的设计。工具电极的尺寸设计一方面与模具的大小、形状和复杂程度有关；另一方面也与电极材料、加工电流、加工余量及单面放电间隙等有关。若采用工具电极平动方法加工，还应考虑平动量的大小。

工具电极的结构形式通常有整体式、镶拼式和组合式三种类型。

整体式工具电极是常用的一种结构形式，一般用于冲模或型腔尺寸比较小的情况。对于尺寸较大的冲模或型腔，电极材料比较昂贵，代价太大。

镶拼式工具电极一般在机械加工有困难时采用。如某些冲模电极要做清棱、清角时就需要采用。另外，在整体电极不能保证制造精度时也采用。

组合式工具电极是将多个电极组合在一起，成为一个电极，多用于一次加工多孔落料模、级进模和在同一凹模上加工若干个型孔的情况。

(3) 工具电极的制造。一般先经过普通的机加工，然后再进行成形磨削。也可采用数控加工，如数铣、数车，加工中心或雕铣机加工。

3) 电规准的选择、转换及平动量的分配

一般电规准分为粗、中和精规准。粗规准主要用于粗加工阶段，可采用长脉宽及大的脉冲电流。中规准是过渡性加工，用以减少精加工的加工余量，提高加工速度。精规准应选择窄脉宽和小电流，且适当增加脉间和抬刀次数。

平动量的分配是单电极平动加工法的一个关键问题，主要取决于被加工表面由粗变细的修光量，此外还和电极损耗、平动头原始偏心量、主轴进给运动的精度有关。一般情况下，粗、中规准加工平动量为总平动量的 75%～80%。中规准加工后，型腔基本成形，只留下少量的加工余量用于精规准修光。具体电规准的选择可参见电火花成形加工工艺曲线图，如图 1-5～1-8 所示。

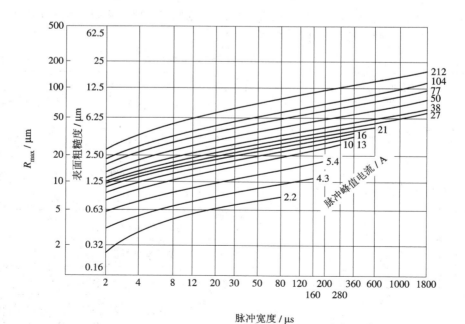

图 1-5　铜"＋"、钢"－"时表面粗糙度与脉冲宽度和脉冲峰值电流的关系曲线

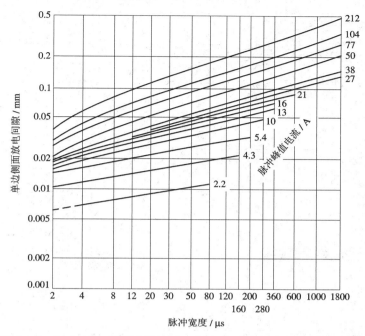

图 1-6　铜 "＋"、钢 "－" 时单边侧面放电间隙与脉冲宽度和脉冲峰值电流的关系曲线

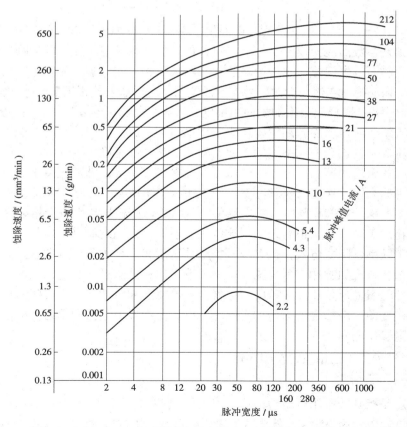

图 1-7　铜 "＋"、钢 "－" 时工件蚀除速度与脉冲宽度和脉冲峰值电流的关系曲线

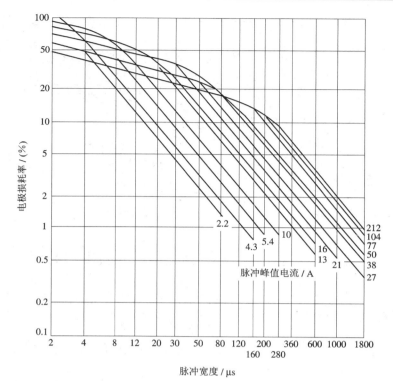

图 1-8　铜"＋"、钢"－"时电极损耗率与脉冲宽度和脉冲峰值电流的关系曲线

这四张工艺参数曲线图反映了电极材料、加工极性、脉冲宽度、脉冲峰值电流对表面粗糙度、单边侧面放电间隙、工件蚀除速度和电极损耗率的影响。从脉冲宽度和表面粗糙度的图上看，脉冲峰值电流不变时，增加脉冲宽度，会增加表面粗糙度；脉冲宽度不变时，增加脉冲峰值电流，同样也会增加表面粗糙度。从脉冲宽度和单边侧面放电间隙的图上看，脉冲峰值电流不变时，增加脉冲宽度，会增加单边侧面放电间隙；脉冲宽度不变时，增加脉冲峰值电流，同样也会增加单边侧面放电间隙。从脉冲宽度和工件蚀除速度图上看，脉冲宽度设置应在合理的范围内，才能确保工件蚀除速度最大，脉冲宽度不变时，增大脉冲峰值电流，可提高蚀除速度。从脉冲宽度和电极损耗率图上看，增加脉冲宽度，可大大降低电极损耗率；脉冲宽度相同时，脉冲峰值电流增大，电极损耗率也会相应变大。

在电火花加工中，可以很好地利用这四张工艺图，合理地制订出电规准。粗加工时，为了提高加工效率，降低电极损耗，应根据脉冲宽度和工件蚀除速度图以及脉冲宽度和电极损耗图，选择合理的脉冲宽度、脉冲峰值电流、工件蚀除速度和电极损耗率。在精加工时，为了工件的表面质量和尺寸精度，应根据脉冲宽度和单边侧面放电间隙图以及脉冲宽度和表面粗糙度图，选择合理的精加工脉冲宽度、脉冲峰值电流和单边侧面放电间隙，同时也应兼顾电极损耗率。

3. 与成形加工工艺相关的常用术语

1) 加工电压

加工电压是指脉冲电源电路输出的直流电压。它有高压直流电压和低压直流电压两种，高压直流电压幅值约为 250 V，低压直流电压幅值约为 60 V。由电火花加工原理可知加工过程中，首先加高压直流电压，形成放电通道；在放电通道形成后，则由低压直流电压来维持放电通道。可用电压表指示加工电压的幅值。

2) 加工电流

加工电流是指脉冲电源输出的峰值电流。通过选择功率输出来调节脉冲的峰值电流，以保证在粗、中、精加工条件下，获得所需要的平均加工电流。加工电流在同一脉宽条件下，与加工面积成正比，与电极损耗成正比，与生产率成正比，与工件的表面粗糙度成反比。

3) 脉冲宽度

脉冲宽度是指一次放电的脉宽时间。脉冲宽度与放电间隙成正比，与生产率成正比，与工件的表面粗糙度成反比，与电极损耗成反比。脉冲宽度分高压脉宽和低压脉宽，高压脉宽比低压脉宽窄得多。通常，增加高压脉宽可以提高加工稳定性和生产率。

4) 脉冲间隔

脉冲间隔是指一次不放电的脉冲间隔时间。加大脉冲间隔更加有利于工件电蚀物的排出，使加工稳定性变好，不容易产生短路或电弧烧伤工件的情况。由于加工电流与加工效率成正比，因此，在一定的脉宽前提下，脉冲间隔越小，加工效率越高，但是稳定性就越差；反之，稳定性就越好。

5) 放电间隙

放电间隙是指电火花加工时，工具和工件之间产生火花放电的距离间隙。它的大小一般在 0.01～0.5 mm 之间。粗加工时放电间隙较大，精加工时则较小。放电间隙又可分为端面间隙(工具电极的端面与工件之间的间隙)和侧向间隙(工具电极的侧面与工件之间的间隙)。

6) 正、负极性加工

电火花加工时，以工件为准，工件接脉冲电源的正极，称为正极性加工。工件若接脉冲电源的负极，则称为负极性加工。高生产率和低电极损耗加工时，常采用负极性长脉宽加工。

7) 加工速度(蚀除速度)

加工速度是指单位时间(1 min)内从工件上蚀除下来的金属体积或质量，也称为加工生产率。通常粗加工时大于 500 mm^3/min，精加工时则小于 20 mm^3/min。

8) 损耗速度

损耗速度是指单位时间(1 min)内工具电极的损耗量(体积或质量)。

9) 工具相对损耗比

工具相对损耗比是指工具电极损耗速度与工件加工速度之比，在实际加工中用以衡量工具电极的耐损耗程度和加工性能。

1.3　电火花成形加工机床

1. 机床的结构形式

1) 立柱式

这种结构是大部分数控电火花机床常用的一种结构形式，如图 1-9 所示。这种结构形式在床身上安装了立柱和工作台。床身一般为铸件，对于小型机床，床身内放置工作液箱；大型机床则将工作液箱置于床身外。立柱前端面安装有主轴箱，工作台下是 X 轴和 Y 轴拖板，工作台上安装工作液槽，工作液槽处安装了活动门，门上嵌有密封条，防止工作液外泄。此类机床的刚性比较好，导轨承载均匀，容易制造和装配。

2) 龙门式

这种结构的立柱做成龙门样式，如图 1-10 所示。该结构将主轴安装在 X 轴和 Z 轴两个导轨上，工作液槽采用升降式结构。它的最大特点是机床的刚性特别好，可做成大型电火花机床。

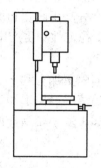
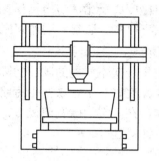

图 1-9　立柱式　　　　　　　　　图 1-10　龙门式

3) 滑枕式

这种结构形式类似于牛头刨床，如图 1-11 所示。该结构将主轴安装在 X 轴和 Y 轴的滑枕上，工作液槽采用升降式结构。机床工作时，工作台不动。此类机床结构比较简单，容易制造，适合于大、中型的电火花机床，不足之处是机床刚度会受主轴行程的影响。

4) 悬臂式

这种结构形式类似于摇臂钻床，如图 1-12 所示。该结构将主轴安装于悬臂上，可在悬臂上移动，上、下升降比较方便。它的好处是电极装夹和校准比较容易，机床结构简单，一般应用于精度要求不太高的电火花机床上。

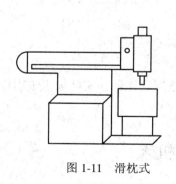
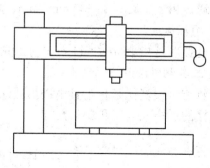

图 1-11　滑枕式　　　　　　　　　图 1-12　悬臂式

5) 台式

这种结构比较简单，床身和立柱可连成一体，机床的刚性较好，结构较紧凑。电火花高速小孔机为此结构形式，如图 1-13 所示。

除了以上的几种结构形式外，近年来，还研制出了小型、便于携带的或移动式的电火花加工机床，如图 1-14 和图 1-15 所示。

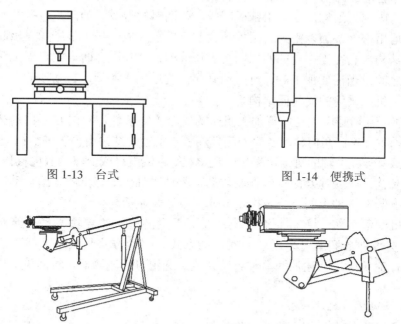

图 1-13　台式　　　　　　　　　　图 1-14　便携式

图 1-15　北京易通电加工技术研究所的移动式电火花机床

2．机床的组成部分及其作用

在电火花加工机床中，最为常用的是电火花成形加工机床。它由主机(机床的主体)、工作液循环系统、脉冲电源及机床附件等组成，如图 1-16 所示。

图 1-16　电火花成形加工机床

1) 主机

主机由床身、立柱、工作台、主轴及主机润滑系统组成。

(1) 床身和立柱。床身和立柱是机床的主体部分，它确保了工作台与工具电极、工件电极的相对位置，其精度高低将直接影响加工质量。一般床身为刚性较好的箱体结构，立柱则牢牢地固定在床身的结合面上，在立柱的前端面安装主轴箱，整个机床呈 C 形结构。

(2) 工作台。工作台主要用来支承和装夹工件电极。工作台的下部装有 X 轴和 Y 轴的拖板，使工作台沿 X 轴方向和 Y 轴方向移动。工作台的上部有工作液槽，常采用两种结构形式：一种为固定式结构，四周用钢板围成，两面钢板做成活动门，可打开，便于工件的装夹，门上均用密封条加以密封，国内的大部分电火花成形加工机床均采用此结构；另一种为升降式结构，它在工作台的四周围有工作液槽，装夹工件时，它自动下落，隐藏于工作台和床身之间，当需要加工时，可自动升起，构成工作液槽，日本沙迪克公司生产的电火花成形加工机床采用的就是此结构。

(3) 主轴。主轴是电火花成形加工机床的一个关键部件，它的好坏将直接影响加工的工艺指标，如生产率、几何精度及表面粗糙度等。主轴的结构由伺服进给机构、导向机构、辅助机构组成。一般主轴的进给可采用步进电机、直流电机或交流伺服电机作为进给驱动，通过圆弧同步齿形带减速及滚动丝杠副传动，驱动主轴做上、下的进给运动。主轴移动位置测量可由安装在主轴上的百分表指示，或用数显表显示。

(4) 主机润滑系统。主机润滑系统主要用于润滑机床的导轨、滚动丝杠副等移动部件。对于这些部件的润滑可采用手动或自动方式。手动方式是利用手动注油器，拉动注油器的拉杆，对机床进行注油润滑。自动方式是选用自动注油器，每间隔一定时间自动注油一次。

2) 工作液循环系统

工作液循环系统由工作液泵、工作液箱、过滤器和管道等组成。它的主要功能是使工作液循环，排除加工中的电蚀物，对工件电极和工具电极降温。工作液的循环方式可分为冲油式(上冲油或下冲油)和抽油式(上抽油或下抽油)两种。

工作液普遍采用煤油或者电火花专用油，加工过程中所产生的电蚀物颗粒非常小，但这些小颗粒悬浮于工作液中，并存在于放电间隙中，会导致加工状态的不稳定，直接影响生产效率和工件的表面粗糙度。因此，还应注意对工作液进行过滤。图 1-17 为工作液循环系统油路图。

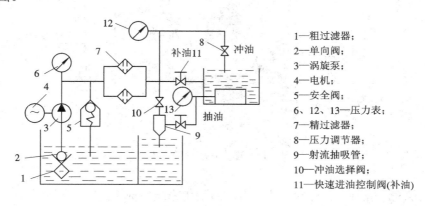

图 1-17　工作液循环系统油路图

3) 脉冲电源

脉冲电源的作用是把工频交流电流转换成一定频率的单向脉冲电流，用以供给电火花放电间隙所需要的能量来蚀除金属。电火花脉冲电源有 RC 线路脉冲电源、晶体管脉冲电源、高低压复合脉冲电源、多回路脉冲电源、等脉冲电源、高频分组脉冲电源和自适应控制电源等几种类型。RC 线路脉冲电源利用电容器充、放电从而形成火花放电来蚀除金属。该电源充电时间很长，但放电时间却是瞬间完成，所以电能的利用率较低，生产效率同样较低。晶体管脉冲电源是利用功率晶体管作为开关元件而获得单向脉冲的。但目前功率晶体管的功率较小，无法实现大电流。为了进一步提高有效脉冲利用率，可采用晶闸管脉冲电源。高低压复合脉冲电源是采用两个供电回路的脉冲电源，高压回路用来形成放电通道，低压回路用以维持电压。多回路脉冲电源是将加工电源的功率级并联分割成相互隔离绝缘的多个输出端，可以同时供给多个回路，做放电加工用。等脉冲电源可确保每个脉冲在介质击穿后所释放的单个脉冲能量相等。高频分组脉冲电源是将数个小脉冲组合成大组，这样既发挥了小脉冲能量小、加工的工件表面粗糙度小的特点，又发挥了大脉冲能量大、加工速度快、生产效率高的优势。自适应控制电源是将计算机和集成电路技术运用于脉冲电源中，它将不同材料、不同工件加工要求、不同电规准存在计算机的内存芯片中，操作者只需要根据加工要求，通过查阅表格的形式选择较为合理的电规准，自适应控制脉冲电源就会输出工况极佳的电规准。目前，自适应控制电源已被广泛应用。

4) 机床附件

机床附件主要由主轴头夹具和平动头组成。

主轴头夹具如图 1-18 所示。加工前，需要将工具电极调节到与工件基准面垂直。调节是通过装在主轴头上的球形铰链来实现的，用紧定螺钉紧固。加工型腔时，还可使主轴头水平转动一定的角度，以确保工具电极的截面形状与工件型腔一致。

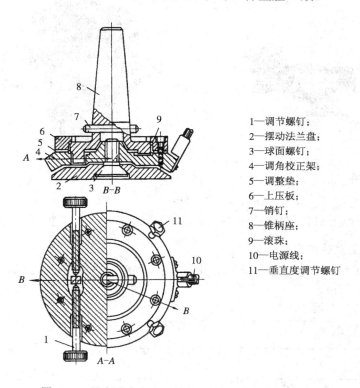

1—调节螺钉；
2—摆动法兰盘；
3—球面螺钉；
4—调角校正架；
5—调整垫；
6—上压板；
7—销钉；
8—锥柄座；
9—滚珠；
10—电源线；
11—垂直度调节螺钉

图 1-18 具有垂直和水平转角调节装置的主轴头夹具

平动头是装在主轴上的一个工艺附件。在单电极型腔加工时，它用来补偿上一个加工规准和下一个加工规准之间的放电间隙差和表面粗糙度差。另外，它也用作为工件侧壁修光和提高尺寸精度的附件。平动头大都由电动机和偏心机构组成，由电动机驱动偏心机构使工具电极上的每个几何质点均围绕其原始位置在水平面上做平面小圆运动，平面小圆的外包络线形成加工表面，平面小圆的半径就是平动量，如图 1-19 所示。

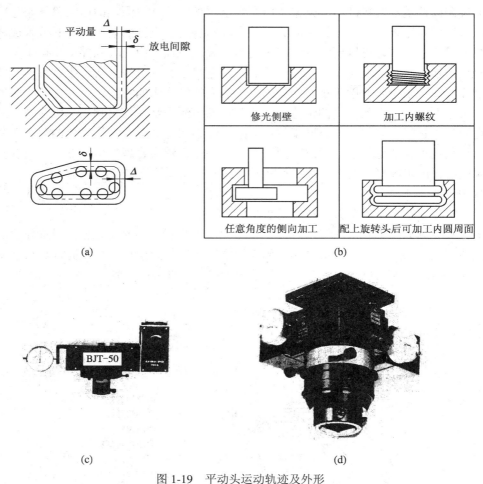

图 1-19　平动头运动轨迹及外形

(a) 平动加工时电极的运动轨迹；(b) 平动加工过程示意图；(c) 机械式平动头；(d) 数控平动头

3．机床的主要技术参数

　　1985 年后，我国将电火花成形加工机床定名为 D71 系列，其型号表示方法如下：

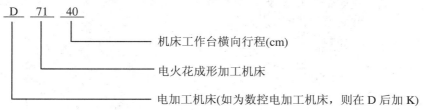

表 1-2 列出了电火花成形加工机床的主要参数标准。

表 1-2　电火花成形加工机床的主要参数标准(GB5290—85)　　mm

工作台	台面	宽度 B	200	250	320	400	500	630	800	1000
		长度 A	320	400	500	630	800	1000	1250	1600
	行程	纵向 X	160		250		400		630	
		横向 Y	200		320		500		800	
	最大承载质量/kg		50	100	200	400	800	1500	3000	6000
	T形槽	槽数	3		5				7	
		槽宽	10		12		14		18	
		槽间距离	63			80	100		125	
主轴联接板至工作台面最大距离 H			300	400	500	600	700	800	900	1000
主轴头	伺服行程 Z		80	100	125	150	180	200	250	300
	滑座行程 W		150	200	250	300	350	400	450	500
工具电极	最大质量/kg	Ⅰ型	20		50		100		250	
		Ⅱ型	25		100		200		500	
	联接尺寸									
工作液槽内壁	长度 d		400	500	630	800	1000	1250	1600	2000
	宽度 c		300	400	500	630	800	1000	1250	1600
	高度 h		200	250	320	400	500	630	800	1000

电火花成形加工机床按其大小可分为小型(D7125 以下)、中型(D7125～D7163)和大型(D7163 以上)机床;按数控程度可分为非数控(手动)、单轴数控(ZNC)和三轴数控机床(CNC);按工具电极的伺服进给系统的类型可分为液压进给(基本淘汰)、步进电机进给、直流或交流服电机进给的机床。

1.4　电火花成形加工编程

电火花机床的编程通常采用 ISO 代码,ISO 代码是国际标准化机构制定的用于数控编程和控制的一种标准代码。代码中分别有 G 指令代码(称为准备功能指令)和 M 指令代码(称为辅助功能指令)等。

1. ISO 代码格式

ISO 代码格式如下:

　　N　　G　　X　　Y　　Z

其中:N——程序的行号,一般由 2～4 位数字组成;

　　　G——指令代码,机床将按其指令代码要求进行移动;

X——X 轴移动距离；

Y——Y 轴移动距离；

Z——Z 轴移动距离。

例如：G00 X100 Y200 表示快速定位，工具电极快速定位至 $X=100\ \mu m$，$Y=200\ \mu m$ 处。其中最小脉冲当量为 1 μm，X 轴工件向右为＋，Y 轴工件向前为＋，Z 轴(工具电极)向上为＋、向下为－。＋号可以省略不写，负向运动则必须在数字前加"－"号。

又如：M00 表示程序暂停；M02 表示程序结束。

表 1-3 所示为电火花成形加工中最常用的 G 指令和 M 指令代码。不同厂家的电规准代码含义上稍有差异，例如，沙迪克公司用 C 作为加工规范条件的代码，而三菱公司则用 E 表示。编程所需要的电规准参数应参照电火花成形加工机床说明书。

表 1-3　电火花成形加工中最常用的 G 指令和 M 指令代码

代　码	功　能	代　码	功　能
G00	快速定位	G80	有接触感知
G01	直线插补	G81	回机床"零点"
G02	顺时针圆弧插补	G90	绝对坐标系
G03	逆时针圆弧插补	G91	增量坐标系
G04	暂停	G92	赋予坐标系
G17	X-Y 平面选择	M00	程序暂停
G18	X-Z 平面选择	M02	程序结束
G19	Y-Z 平面选择	M05	不用接触感知
G20	英制	M08	旋转头开
G21	公制	M09	旋转头关
G40	取消补偿	M80	冲油、工作液流动
G41	左偏补偿	M84	接通脉冲电源
G42	右偏补偿	M85	关断脉冲电源
G54	工作坐标系 0	M89	工作液排除
G55	工作坐标系 1	M98	子程序调用
G56	工作坐标系 2	M99	子程序调用结束

2. 编程实例

G90	绝对坐标系统指令；
G92X0Y0Z0C0	机械零点设定，数字 0 可省去，C 为 Z 轴数控分度回转轴；
M88	工作液快速充槽；
M80	工作液流动；
G17F40	设定半固定轴模式(2 轴进给)和最高进给速度 F 为 40 mm/min；
E9906	调用加工条件规准(已存于"E 条件"中)；
M84	加工电源接通；

G01Z-10.0　　　　　 Z 轴垂直向下进给 10 mm；

M85　　　　　　　　加工电源关断；

M25G00Z6.0F200　取消电极与工件接触功能，G00 为快速向上回退位置 6 mm 和

　　　　　　　　　速度 F 为 200 mm/min；

M89　　　　　　　　工作液排除；

M02　　　　　　　　程序结束。

1.5　电火花成形加工机床的维护与保养

1. 机床安全操作规程

(1) 电火花成形加工机床应设置专用的地线，使机床的床身、电器控制柜的外壳及其他设备可靠接地，防止因电器设备的损坏而发生触电事故。

(2) 操作人员必须穿好防护用具，特别是必须穿皮鞋；电火花机床在放电加工中，严禁用手触及电极，以免发生触电危险；操作人员不在现场时，不可将机床放置在放电加工状态(EDM 灯亮)；放电加工过程中，绝对不允许操作人员擅自离开。

(3) 经常保持机床电器设备清洁，防止因受潮而降低设备的绝缘强度，从而影响机床的正常工作。

(4) 添加工作液时，不得混入某些易燃液体，防止因脉冲火花而引起火灾。油箱中要有足够的油量，控制油温不超过 50℃，温度过高时，应该加快工作液的循环，用以降低油温。

(5) 加工时，可喷油加工，也可浸油加工。喷油加工容易引起火灾的发生，应小心。浸油加工时，工作液应全部浸没工件，工作液的液面一定要高于工件 40 mm 以上。如果液面过低或加工电流较大，都极有可能导致火灾的发生。图 1-20 为意外发生火灾的原因。

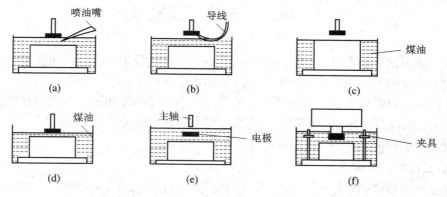

图 1-20　意外发生火灾的原因

(a) 电极和喷嘴相碰引起火花放电；(b) 绝缘外壳多次弯曲意外破裂的导线和工件夹具间火花放电；

(c) 加工的工件在工作液槽中位置过高；(d) 工作液槽中没有足够的工作液；

(e) 电极和主轴连接不牢固，意外脱落时，电极和主轴之间的火花放电；

(f) 电极的一部分和工件夹具产生意外的放电，并且放电又在非常接近液面的地方

(6) 放电加工过程中，不得将 PVC 喷油管或橡胶管触及电极，同时注意控制好放电电流，避免加工过程中产生拉弧和积碳现象。

(7) 机床周围应严禁烟火，并应配备适宜油类的灭火器或灭火沙箱。目前大多机床在主轴上均安装了灭火器和烟气感应报警器，实现自动灭火。一旦火灾发生，应立即切断电源，并使用二氧化碳泡沫灭火器灭火。

(8) 加工完成后，必须先切断总电源，然后拉动工作液槽边上的放油拉杆，放掉工作液后，擦拭机床，确保机床的清洁。

2．机床日常维护及保养

(1) 每次加工完毕后，应将工作液槽的煤油泄放回工作液箱内，将工作台面用棉纱擦拭干净。

(2) 定期对摩擦部件加注润滑油，防止灰尘和工作液等进入丝杆、螺母和导轨等部件中。

(3) 加工过程中，必须对电蚀物进行过滤。若工作液过滤器过滤阻力增大或过滤效果变差，以及工作液浑浊不清，则应及时更换。

(4) 应注意避免脉冲电源中的电器元件受潮。特别是在南方的梅雨天气或较长时间不用时，应安排定期人为开机加热。夏天高温季节要防止变压器、限流电阻、大功率晶体管过热，加强通风冷却，并防止通风口过滤网被灰尘堵塞，要定期检查和清扫过滤网。

(5) 工作液泵的电机或主轴电机部分为立式安装的，电机端部冷却风扇的进风口朝上，很容易落入螺钉、螺帽或其他细小杂物，造成电机"卡壳"、"憋车"甚至损坏，因此要在此类立式安装电机的进风端盖上加装保护网罩。

(6) 操作者应注意机床周围的环境，杜绝明火，并对机床的使用情况建立档案，及时反馈机床的运行情况。

1.6　电火花成形加工新技术

电火花成形加工技术自 20 世纪 40 年代开创以来，历经半个多世纪的发展，已成为先进制造技术领域中不可或缺的重要组成部分。尤其是进入 20 世纪 90 年代后，随着信息技术、网络技术、材料科学技术等高新技术的发展，电火花成形加工技术也朝着更深层次、更高水平的方向发展，电火花成形加工的新技术不断地涌现出来。

1．加工工艺新技术

1) 加工过程的高效化

在保证加工精度的前提下，提高粗、精加工效率的同时，还应尽量减少辅助时间(如编程时间、电极与工件定位时间、维修时间等)，为此，采取了增强机床的在线后台编程能力，改进和开发适用的电极与工件定位装置等手段。

2) 加工过程的精密化

在保证加工速度的前提下，电火花加工成形的精确度要求越来越高。特别是在模具行业中，镜面加工、微细加工技术和表面强化处理技术得以广泛应用。

3) 加工电规准的智能化

随着计算机技术和自动控制技术在电火花成形加工中的运用，模糊控制、人工神经网络技术和专家系统也频繁地出现在电规准的制订中，使加工电规准更趋向于智能化。

4) 电极材料的专一化

工具电极的材料选用一直是放电加工的关键环节。常用的电极材料是石墨和纯铜。近年来的研究表明石墨电极将成为未来放电加工中的首选。

2. 电火花成形加工机床新技术

1) 直线电机伺服系统的运用

电火花成形加工设备采用直线电机伺服系统可使加工性能获得明显改善。由于它取代了传统的丝杠螺母传动链，减少了机械结构中的滞后，因此更容易实现闭环控制。

2) 机床多头主轴的运用

以往的电火花成形机床采用一个主轴，只能用一个工具电极，目前出现了两个或三个主轴，可以加装两个或三个工具电极，这在大型的电火花成形机床上较为多见。

3) 机床电极库的运用

以往只在加工中心上看到换刀的情形，现在出现了电极库，可以在电极库中选择适合的电极实现放电加工。

4) 机床环境保护的运用

绿色加工的提出，促进了电火花机床在环境保护上的进步。工作液配方上的改进，将工作液对环境的污染降到最低。机床全封闭的结构，有利于改善工作液、烟雾、电磁辐射等对人体、机床、工作环境的污染。

5) 摇动加工的运用

采用一个电极的加工中，由粗加工到精加工时，虽然工件底面获得一定程度的加工，但是"二次放电"会造成侧面的表面粗糙。为此需用不同尺寸的精加工电极进行修正。采用摇动加工，不仅 Z 轴方向能进行加工，侧向也能进行加工。

6) 机床多轴加工的运用

2014 年的中国博览会上，上海交通大学推出了一款六轴电火花成形加工机床。

习　题

1. 试从电压和电流波形上分析电火花成形加工的机理。
2. 电火花成形加工机床的主要结构形式有哪些？各有什么特点？
3. D71 系列的电火花成形加工机床由哪几部分组成？各部分的特点是什么？
4. 电火花成形加工机床主轴夹头和平动头的机械结构是怎样的？
5. 电火花成形加工机床的主要技术参数有哪些？如何考虑各参数之间的相互关系？
6. 电火花成形加工机床的编程格式是怎样的？有哪些常用的指令代码？
7. 如图 1-21 所示，现加工一个普通的盲孔，电参数选 E9904，试编写加工程序。

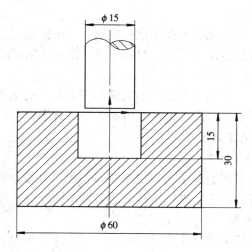

图 1-21　盲孔加工

8. 试分析电火花成形加工的工艺特点。

9. 试分析电火花型腔加工的工艺特点。

10. 试通过电火花成形加工工艺曲线来分析各电参数之间的关系。

11. 电火花成形加工机床的安全操作规范包括哪些内容？

12. 电火花成形加工机床的日常维护及保养应从哪些方面着手？

13. 电火花成形加工有哪些新技术？

第二章　电火花成形加工实训

电火花成形加工实训课题从实际应用出发，运用 STEP BY STEP 方法，通过工艺分析、电极设计、电规准制订、加工步骤和实训思考题的全过程学习，使操作者全面掌握电火花成形加工的技能。

实训一　电火花成形加工机床操作

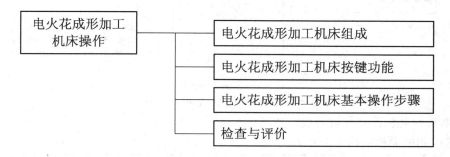

一、实训目的

掌握电火花成形加工机床的基本操作方法。

二、实训项目

(1) 电火花成形加工机床的按键功能。
(2) 电火花成形加工机床的基本操作。

三、实训器材

电火花成形加工机床。

四、实训内容

1．机床组成

电火花成形加工机床的结构分为三大部分，分别是主机、工作液循环系统和电器控制柜。主机由床身、工作台、主轴及工具电极的夹具组成；工作液循环系统包括了工作液箱、控制泵、工作液液位控制阀和流量控制阀等；电器控制柜则由手操器、控制按键和显示仪表等组成，如图 2-1 所示。

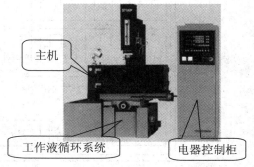

图 2-1　D7140 型电火花成形机床

2．机床按键功能

D7140 型电火花成形加工机床的按键集中在手操器和电器控制柜上。

1) 手操器按键功能

手操器按键功能如图 2-2 所示。

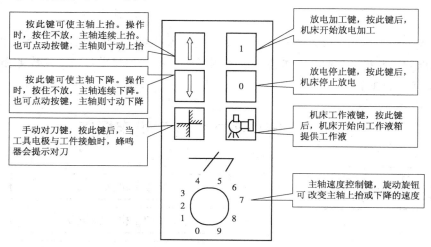

图 2-2　D7140 型电火花成形机床手操器

2) 电器控制柜面板按键功能

电器控制柜面板如图 2-3 所示。

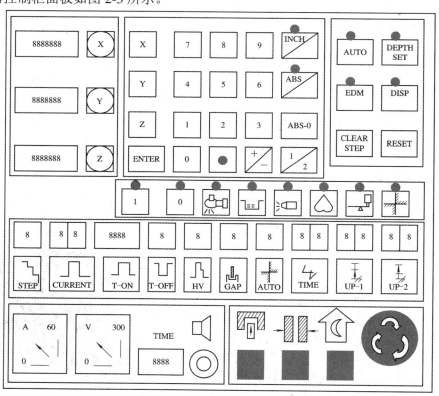

图 2-3　电器控制柜面板图

(1) 显示功能区。图 2-4 所示为电器控制柜面板的显示功能区域及其功能。显示功能区有两种显示情况：一种是在 DISP 状态下，显示 X、Y 和 Z 轴的坐标位置；另一种是在 EDM 状态下，显示目标加工深度、当前加工深度和瞬时加工深度。

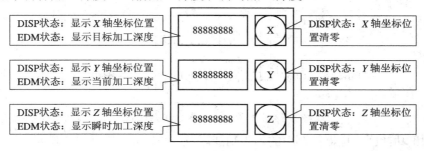

图 2-4　电器控制柜面板之显示功能区

(2) 数字键盘区。图 2-5 所示是电器控制柜面板的数字键盘区，各按键的功能如下：

ENTER——确定键。

X→(数字)→(ENTER)——在 X 轴显示设置的数字，Y 轴或 Z 轴的设置也如此。

● ——小数点设置。

+/− ——设置＋、−数字。

1/2 ——显示数字为原先数字的 1/2。

ABS-0 ——绝对坐标清零。

ABS/INC ——ABS 为绝对坐标，INC 为相对坐标。ABS 为上挡键，红灯亮；INC 为下挡键，红灯灭。

INCH/MM ——INCH 为英寸，MM 为毫米。INCH 为上挡键，红灯亮；MM 为下挡键，红灯灭。

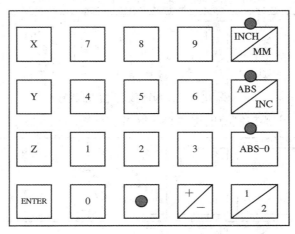

图 2-5　电器控制柜面板之数字键盘区

(3) 状态功能区。电器控制柜的状态功能区及其各按键功能如图 2-6 所示。

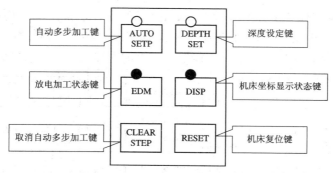

图 2-6　电器控制柜面板之状态功能区

(4) 加工功能区。电器控制柜的加工功能区及各按键功能如图 2-7 所示。

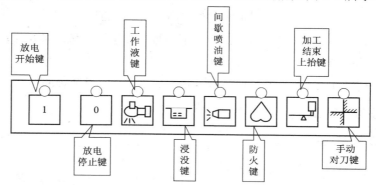

图 2-7　电器控制柜面板之加工功能区

(5) 电规准设置区。电器控制柜的电规准设置区及各按键功能如图 2-8 所示。

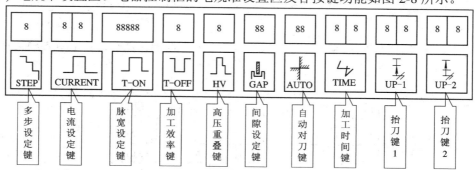

图 2-8　电器控制柜面板之电规准设置区

(6) 电表显示区。电器控制柜的电表显示区及各按键功能如图 2-9 所示。

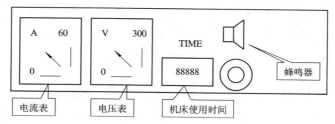

图 2-9　电器控制柜面板之电表显示区

(7) 紧急停止区。电器控制柜的紧急停止区及各按键功能如图 2-10 所示。

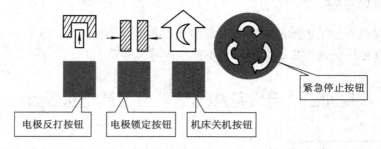

图 2-10　电器控制柜面板之紧急停止区

3. 基本操作步骤

(1) 工具电极装夹与找正；

(2) 工件装夹与定位；

(3) 加工深度设定；

(4) 电规准选择与设定；

(5) 工作液槽注油；

(6) 放电加工；

(7) 清洁机床。

五、检查与评价

检查与评价表

实训项目		电火花成形加工机床操作实训		实训日期		
序号	检查项目		检查内容	评　价		备　注
1	机床结构		电气柜 工作液箱 机床本体	A		现场了解机床结构
				B		
				C		
				D		
2	电气柜操作		按键功能	A		熟悉各个按键功能
				B		
				C		
				D		
3	机床基本操作		操作步骤	A		操作规范
				B		
				C		
				D		
加工前图样(测量)				加工后图样(测量)		
小结						

六、实训思考题

(1) 电火花成形加工机床的结构分为几部分？各部分的功能是什么？

(2) D7140 电火花成形加工机床的基本操作步骤有哪些？

实训二　电火花冲孔落料模工具电极设计

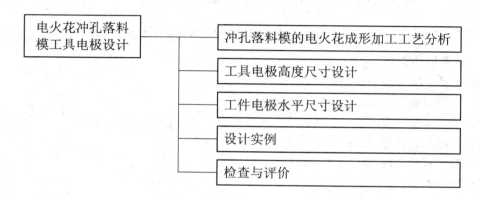

一、实训目的

掌握电火花冲孔落料模的工具电极设计方法。

二、实训项目

(1) 工具电极高度尺寸设计。

(2) 工具电极水平尺寸设计。

三、实训器材

计算器、图纸。

四、实训内容

1. 冲孔落料模的电火花成形加工工艺分析

冲孔落料模是在生产应用中，使用电火花成形加工较多的一种模具。由于形状复杂和尺寸精度要求高，因此对冲孔落料模的电火花成形加工技术是生产中的关键技术之一，特别是落料模的凹模加工。通常的方法是用电火花线切割加工凸模，再利用加工后的凸模作为工具电极在电火花成形加工机床上运用"反打"工艺来加工凹模。

2. 工具电极高度尺寸设计

工具电极的高度尺寸取决于冲孔落料模的结构形式、模板厚度、电极材料、装夹方式、电极使用次数和电极制造工艺等一些因素(见图 2-11)，可用如下公式表示：

$$H = KH_3 + H_1 + H_2 + (0.4 \sim 0.8)(N-1)KH_3$$

式中：H——工具电极的设计高度；

H_3——凹模需要加工的深度;

H_1——当模板后部挖空时,电极所需加长部分的深度;

H_2——一些小电极端部不宜开连结螺孔,而必须用夹具夹持电极尾部时,需要增加的夹持部分长度(约 $10\sim20$ mm);

N——一个电极使用的次数,一般情况下,多用一次电极需要比原有长度增加($0.4\sim0.8$)倍;

K——与电极材料、加工方式、凹模复杂程度。有关的系数,对不同的电极材料,其取值不同,如紫铜为 $2\sim2.5$,黄铜为 $3\sim3.5$,石墨为 $1.7\sim2$,铸铁为 $2.5\sim3$,钢为 $3\sim3.5$。若加工硬质合金时,电极损耗会更大些,因此,应适当增加电极高度尺寸。

图 2-11　电极高度尺寸计算说明图
(a) 凹模高度尺寸;
(b) 工具电极的高度尺寸

3．工具电极水平尺寸设计

工具电极的水平尺寸应比预定的凹模截面尺寸均匀地缩小一个单面的放电间隙,即

$$d=D-2S$$

式中：d——工具电极的水平尺寸;

D——加工后冲孔尺寸;

S——单面的放电间隙。

通常情况下,对冲孔模图样中只标注凸模的尺寸公差,而凹模尺寸公差是根据凸模配作的。反之,落料模图样中则是只标注凹模的尺寸公差,凸模的尺寸公差是根据凹模配作的。正因为凸、凹模的配作关系,就必须在图样上标注出合理的配合间隙,所以会存在如下情况：

(1) 凸、凹模配合间隙等于放电间隙,此时工具电极尺寸与凸模(凹模)完全相同;

(2) 凸、凹模配合间隙小于放电间隙,此时工具电极尺寸应等于凸模(凹模)尺寸减去放电间隙与配合间隙的差值;

(3) 凸、凹模配合间隙大于放电间隙,此时工具电极尺寸应等于凸模(凹模)尺寸加上放电间隙与配合间隙的差值。

4．设计实例

加工一个"口"字形冲压件,冲压件尺寸为 10 mm$\times10$ mm,料厚 $t=2$ mm,材料为硅钢片,凹模加工深度为 30 mm,凹模与凸模的配合间隙为 0.1 mm,设计工具电极,如图 2-12 所示。

1) 电极材料选择

根据加工的冲压件大小,采取凸模加工凹模的方法,即钢打钢,工具电极材料为钢。

2) 工具电极高度尺寸设计

根据公式

$$H=KH+H_1+H_2+(0.4\sim0.8)(N-1)KH_3$$
$$=3\times30+20+20+0.6\times(2-1)\times3\times30$$
$$=184 \text{ mm}$$

图 2-12　冲模电极设计

确定工具电极长度取 200 mm。

   3) 工具电极水平尺寸设计

   设单面放电间隙为 0.1 mm,单面放电间隙等于凹模与凸模的配合间隙,因此工具电极尺寸按凸模计算。

$$d=D-2S=10-2\times0.1=9.8 \text{ mm}$$

五、检查与评

检查与评价表

实训项目		电火花冲孔落料模工具电极设计	实训日期		
序号	检查项目	检查内容	评 价		备 注
1	工艺分析	冲孔落料模图分析 "正装反打"	A		理解工具电极设计的意义,了解如何实施
			B		
			C		
			D		
2	电极高度尺寸设计	H_1 的确定 H_2 的确定 H_3 的确定 N、K 的确定	A		各段高度值的意义
			B		
			C		
			D		
3	电极水平尺寸设计	D 值的查阅 S 的确定	A		配合间隙的确定
			B		
			C		
			D		

加工前图样(测量)

加工后图样(测量)

小结

六、实训思考题

(1) 冲孔落料模的电火花加工工艺怎样？
(2) 冲孔落料模的配合间隙如何考虑？
(3) 自行设计一个冲孔落料模的电极。

实训三　电火花型腔模工具电极设计

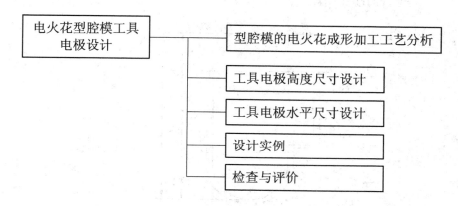

一、实训目的

掌握电火花型腔模工具电极设计方法。

二、实训项目

(1) 电火花型腔模工具电极的高度尺寸设计。
(2) 电火花型腔模工具电极的水平尺寸设计。

三、实训器材

计算器、图纸。

四、实训内容

1. 型腔模的电火花成形加工工艺分析

型腔模的电火花成形加工属于盲孔加工，在加工过程中，应注意电蚀物的排出和工作液气体的排出。另外，型腔模形状复杂，加工面积变化大，电规准的选择比较困难。这些都应在加工过程中予以关注。

在设计型腔模工具电极尺寸时，一方面要考虑模具型腔的尺寸、形状和复杂程度，另一方面要考虑电极材料和电规准的选择。当然，若采用单电极平动法加工侧面，还需考虑平动量的大小。

2．工具电极高度尺寸设计

由图 2-13 可见，工具电极高度应按如下公式设计：

$$H = H_1 + H_2 + H_3$$

式中：H——工具电极的总设计高度；

　　　H_1——被装夹处的高度，应根据工具电极的装夹方式而定；

　　　H_2——工具电极在型腔外至夹具下端面的高度，该高度应考虑工具电极校正基准高度及工具电极的多次修正量等因素；

　　　H_3——型腔内的有效高度，该高度等于型腔深度减去工具电极的端面放电间隙及工具电极的端面损耗。

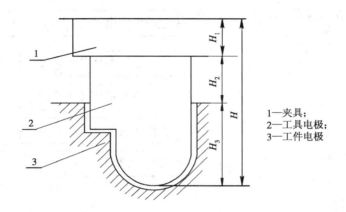

1—夹具；
2—工具电极；
3—工件电极

图 2-13　工具电极的高度尺寸设计示意图

3．工具电极水平尺寸设计

工具电极水平尺寸缩放示意图如图 2-14 所示。设计时，应将放电间隙和平动量计算在内，即

$$a = A \pm Kb$$

式中：$\pm$——分别表示电极的"缩和放"，工具电极内凹，设计尺寸增加，取"＋"号，工具电极外凸，则设计尺寸减小，取"－"号；

　　　a——工具电极的水平尺寸；

　　　A——型腔图样水平尺寸；

　　　K——与型腔有关的尺寸(双边时 $K=2$，单边时 $K=1$)；

　　　b——电极的单边缩放量。

单边缩放量的计算公式为

$$b = S + Z + Ra_1 - Ra_2$$

其中：S——单边放电间隙，一般放电间隙在 0.1 mm 左右；

　　　Ra_1——前一电规准时的表面粗糙度；

　　　Ra_2——本次电规准时的表面粗糙度；

　　　z——平动量，一般为 0.1～0.5 mm。

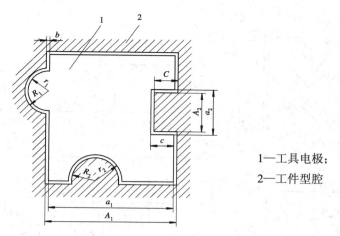

1—工具电极；

2—工件型腔

图 2-14 工具电极水平尺寸缩放示意图

4．设计实例

如图 2-15 所示，某型腔模的深度为 20 mm，端面放电间隙为 0.1 mm，单边的放电间隙为 0.1 mm，Ra_1＝6.3 μm，Ra_2＝3.2 μm，试设计工具电极尺寸。

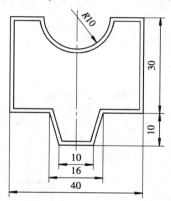

图 2-15 某型腔模示意图

1) 工具电极材料选择

工具电极材料为紫铜。

2) 工具电极高度尺寸设计

H_1——装夹段，选取 50 mm；

H_2——型腔外伸段，选取 20 mm；

H_3——型腔内段，（20－0.1）＝19.9 mm。

$$H＝H_1＋H_2＋H_3＝50＋20＋(20－0.1)＝89.9 \text{ mm}$$

该工具电极的高度尺寸取 100 mm。

3) 工具电极水平尺寸设计

该工具电极的单边放电间隙为 0.1 mm，工具电极的平动量为 0.1 mm，

$$b＝S＋Z＋Ra_1－Ra_2＝0.1＋0.1＋0.0063－0.0032＝0.2031 \text{ mm}$$

工具电极水平尺寸计算如图 2-16 所示。

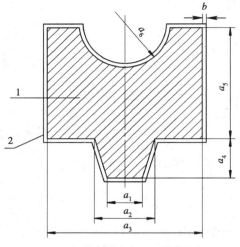

1—工具电极尺寸；2—型腔尺寸

(a)

尺寸号	工件水平尺寸 A/mm	工具电极水平尺寸 a/mm	计算公式
a_1	10	9.5938	$10-2b$
a_2	16	15.5938	$15-2b$
a_3	40	39.5938	$40-2b$
a_4	10	10	10
a_5	30	29.5938	$30-2b$
a_6	R10	10.2031	$10+b$

(b)

图 2-16　某型腔模工具电极水平尺寸计算

4) 工具电极平动量确定

工具电极的平动量为 0.1 mm。

五、检查与评价

检查与评价表

实训项目		电火花型腔模工具电极设计		实训日期	
序号	检查项目	检查内容	评 价		备 注
1	工艺分析	型腔模图分析 排气	A B C D		理解工具电极设计的意义，了解如何实施
2	电极高度尺寸设计	H_1 的确定 H_2 的确定 H_3 的确定	A B C D		各段高度值的意义
3	电极水平尺寸设计	K 的确定 b 的确定	A B C D		缩放值的确定方法
加工前图样（测量）			加工后图样（测量）		
小结					

六、实训思考题

(1) 叙述型腔模电火花成形加工工艺。
(2) 如何设计型腔模的工具电极？
(3) 自行设计一个型腔模工具电极。

实训四　电火花成形加工工具电极找正

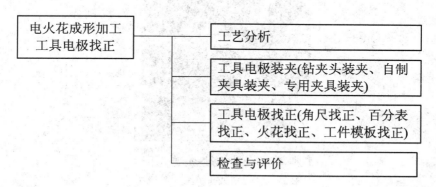

一、实训目的

熟悉电火花成形加工工具电极的找正方法。

二、实训项目

电火花成形加工工具电极的找正。

三、实训器材

电火花成形加工机床、工具电极、精密刀口角尺、百分表、内六角扳手、钻夹头及工件模板等。

四、实训内容

1. 工艺分析

电火花成形加工时，工具电极与工件必须保持垂直，且工件电极与工件须保持合理的放电间隙。工具电极的找正就是要确保工件电极与工件的垂直。

工具电极的装夹则是将工具电极固定在主轴头上。若工具电极为异形（形状不规则），则装夹工具电极时，还应注意工具电极的截面形状与工件截面形状的一一对应。

工具电极的装夹方法除了用钻夹头装夹、用自制夹具装夹外，还可以选择专用夹具装夹。

工具电极的找正方法有用精密刀口角尺找正、用百分表找正、用火花找正，以及用工件模板找正。

2. 工具电极的装夹

1) 用钻夹头装夹工具电极

先用内六角扳手将装在主轴夹具上的内六角螺钉旋松，然后将装夹工具电极的钻夹头固定在主轴夹具上。主轴夹具的装夹部分为 90°靠山的结构，可将钻夹头稳固地贴在靠山上，最后再用内六角扳手将主轴夹具上的内六角螺钉旋紧，完成工具电极的装夹，如图 2-17 所示。

图 2-17　用钻夹头装夹工具电极

2) 用自制夹具装夹工具电极

本教程的电火花线切割加工实训课题中介绍了自制的电极扁夹的制作，该扁夹可以用于某些尺寸偏小的工具电极的装夹。

3) 用专用夹具装夹工具电极

目前，国内的诸多模具企业大多使用瑞典的 3R 夹具或是 EROWA 夹具，国内上海大量精密电子有限公司也自行设计并生产了专用的电火花成形加工专用夹具。

使用专用夹具，给工具电极的装夹和找正带来方便。工具电极在制造和使用上的装夹重复定位精度相当高，这样可以有效地减少由于工具电极制造过程的装夹和工具电极在电火花成形加工机床上的装夹和找正方面的因素而导致的加工精度问题。

3. 工具电极的找正

1) 用精密刀口角尺找正工具电极

工具电极装夹完毕后，必须对工具电极进行找正，确保工具电极的轴线与工件保持垂直。图 2-18 所示为用精密刀口角尺找正工具电极。

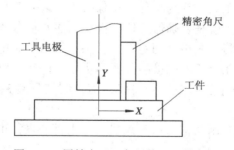

图 2-18　用精密刀口角尺找正工具电极

具体校准方法如下：

(1) 按下手操器上的"下降"按钮，将工具电极缓缓放下，使工具电极慢慢靠近工件，再与工件之间保持一段间隙后，停止下降工具电极。

(2) 沿 X 轴方向工具电极找正。沿 X 轴方向将精密刀口角尺放置在工件(凹模)上，使精密刀口角尺的刀口轻轻与工具电极接触，移动照明灯置于精密刀口角尺的后方，通过观察透光情况来判断工具电极是否垂直。若不垂直，可调节处于主轴夹头球形面上方的 X 轴方向的调节螺钉。

(3) 沿 Y 轴方向工具电极找正。沿 Y 轴方向将精密刀口角尺轻轻与工具电极接触，找正方法同(2)。

(4) 工具电极的旋转找正。工具电极装夹完成后，工具电极形状与工件的型腔之间常常存在着不完全对准的情况，此时需要对工具电极进行旋转找正。找正方法是轻轻旋动主轴夹头上的调节电极旋转的螺钉，确保工具电极与工件型腔对准。

2) 用百分表找正工具电极

由于精密刀口角尺的精度仍不是最高，因此在用角尺校准完毕后，还应用百分表进行找正。图 2-19 所示为用百分表找正工具电极。找正步骤如下：

(1) 将磁性表座吸附在机床的工作台上，然后把百分表装夹在表座的杠杆上。

(2) 沿 X 轴方向工具电极找正。首先将百分表的测量杆沿 X 轴方向上轻轻接触工具电极，并使百分表有一定的读数，然后用手操器使主轴(Z 轴)上下移动，观察百分表的指针变化。根据指针变化就可判断出工具电极沿 X 轴方向上的倾斜状况，再用内六角扳手调节主轴机头上 X 轴方向上的两个调节螺钉，使工具电极沿 X 轴方向保持与工件垂直。

(3) 沿 Y 轴方向工具电极找正。将百分表的测量杆沿 Y 轴方向上轻轻接触工具电极，并使百分表有一定的读数。找正步骤同(2)。

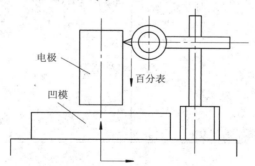

电极

百分表

凹模

图 2-19　用百分表找正工具电极

3) 用火花找正工具电极

操作时，先按手操器上的"下降"键，使主轴缓缓下降，当快要接触工件时，松开手操器的"下降"键。再按电器控制柜上的"自动对刀键"(AuTo)，主轴自动下降，直到与工件接触，机床的蜂鸣器叫。按电器控制柜上的"Z 轴清零"键，将 Z 轴数值清零。设定加工深度为 999，加工电流 1 A，然后按手操器的"加工"键(或是电气控制框上的"加工"键)，工具电极与工件将产生放电火花。通过观察电极四周的火花放电情况，来调整主轴上的 X 轴和 Y 轴方向的垂直调节螺钉，使工具电极四周的放电火花均匀。同时也可观察工件表面的放电痕,若放电痕均匀,则工具电极找正完成。

4) 用工件模板找正工具电极

找正前,操作者可选择一块薄钢板,用电火花线切割机床在薄钢板上加工出与工件型腔水平尺寸相同的孔(留一定的放电间隙),制作出一块工件模板。随后将此模板置于工件之上,模板孔与型腔孔对齐,待主轴上的工具电极装夹后,操作主轴下行。若工具电极能均匀穿过模板孔,则找正完成。否则,就需调整工具电极的位置。此法在目前的生产实践中常被采用,主要是它可快速准确地对工具电极所要加工的位置进行找正。

五、检查与评价

检查与评价表

实训项目	电火花成形加工工具电极找正		实训日期	
序号	检查项目	检查内容	评价	备注
1	工艺分析	工具电极与工件垂直 工具电极装夹选择 工件电极找正方法确定	A B C D	强调"垂直"和选择方法
2	工具电极的装夹	钻夹头装夹 自制夹具装夹 专用夹具装夹	A B C D	强调各种工具电极的装夹方法
3	工具电极的找正	精密角尺找正 百分表找正 火花找正 工件模板找正	A B C D	强调各种找正方法的运用
加工前图样(测量)			加工后图样(测量)	
小结				

六、实训思考题

(1) 如何装夹工具电极?各种装夹方法有哪些特点?

(2) 如何找正工具电极?各种找正方法有哪些特点?

实训五　电火花成形加工工件电极的装夹与定位

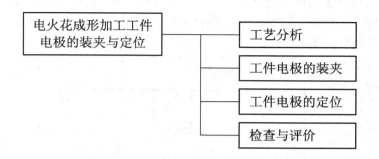

一、实训目的

熟练掌握工件电极装夹方法和工件电极的定位方法。

二、实训项目

(1) 工件电极装夹。
(2) 工件电极定位。

三、实训器材

电火花成形加工机床、精密刀口角尺、百分表、磁性吸盘、块规、工件电极、工具电极、三爪卡盘。

四、实训内容

1. 工艺分析

工件电极的装夹和定位是电火花加工中的重要环节，装夹和定位的误差将直接影响加工精度。工件电极的装夹通常采用压板固定或磁性吸盘吸附方法。工件电极的定位则是要确定其中心位置或任意加工位置。

2. 工件电极的装夹

1) 使用压板装夹工件

将工件放置在工作台上，将压板螺钉头部穿入工作台的 T 形槽中，把压板穿入压板螺钉中，压板的一端压在工件上，另一端压在三角垫铁上，使压板保持水平或压板靠近三角垫铁处稍高些，旋动螺母压紧工件。

将百分表的磁性表座吸附在主轴夹具上，再把百分表的测量杆靠住工件的 X 轴方向的基准面上，使百分表有一定的读数，然后转动 X 轴方向的手轮，观察百分表的指针变化。轻轻敲击工件，调整百分表指针变化，应使百分表指针在整个行程上微微抖动，再把压板螺母旋紧，工件得以固定。同样的操作，也可适用于 Y 轴方向的装夹。

2) 使用磁性吸盘装夹工件

在电火花成形机床的工作台上安装磁性吸盘，并对磁性吸盘进行校准；在磁性吸盘上放置两个相互垂直的块规和一把精密的刀口角尺(如图 2-20 所示)，一块沿 X 轴方向放置，另一块沿 Y 轴方向放置，块规的一端靠在工件电极上，另一端靠在精密刀口角尺上，这样工件电极得以校准；再用内六角扳手旋动磁性吸盘上的内六角螺母，使磁性吸盘带上磁性，工件电极会牢牢地吸附在工件上。

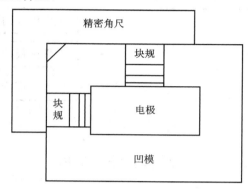

图 2-20　块规角尺定位法

3) 使用三爪卡盘装夹工件

若工件为圆柱(筒)类零件时，可采用安装于工作上的精校准过的三爪卡盘装夹工件。装夹过程中，可以用百分表找正工件轴心，具体做法是将百分表座吸附在主轴夹具上，百分表的测头一端顶在工件的外圆上，按动手操器上的主轴上行或下行键，观察百分表指针偏转的情况，从而调整工件的轴心，最终固定工件。

3．工件电极的定位

按下电器控制柜上的"DISP"键，电器控制柜上的 X、Y、Z 的数码管将显示电火花机床工作台的坐标位置。

1) 工件电极的中心定位

(1) 转动 X 轴方向的手轮，将工具电极移动到工件电极的外部，按下手操器上的"下降"键，使工具电极缓缓下降，下降至工具电极稍低于工件的上表面。

(2) 按下手操器上的"手动对刀"键，转动 X 轴方向上的手轮，使工具电极与工件侧面轻轻接触，此时蜂鸣器叫，按下电器控制柜上的"X 方向清零"键，X 数值为零。然后，按手操器上的"上升"键，使工具电极缓缓上抬离开工件，再次转动 X 轴方向上的手轮，移动工具电极至工件的另一侧，按下手操器上的"下降"键，使工具电极缓缓下降，下降至工具电极稍低于工件的上表面，蜂鸣器叫，依次按下电器控制柜上的"X"键和"1/2"键，X 数码管上将显示 X 轴方向数值的一半。按下手操器上的"上升"键，使工具电极缓缓上抬离开工件，再次反方向转动 X 轴方向的手轮，使 X 轴方向的数值归零(注意此时为增量操作模式)。再依次按"X"键和"ABS-0"键，按"ABS/INC"键，红灯亮(此时为绝对操作模式)，X 数值也为零。此时，工件 X 轴方向的中心位置将是唯一确定的。

绝对操作模式和增量操作模式的切换只需按"ABS/INC"键，按此键后，红灯亮为绝对操作模式，红灯灭则为增量操作模式。在增量操作模式下，工作台移动到任何位置上均可进行清零操作；在绝对操作模式下，工作台的零点位置是唯一固定的，"X 清零"键将无法使用。机床开机时，默认的是增量操作模式。

(3) Y 轴方向中心位置的确定方法同(2)。

2) 工件电极的边定位

电火花成形加工机床的工作台上常常使用磁性吸盘作为定位夹具。此法是利用在磁性吸盘的 X 方向和 Y 方向的端面加装两块平面精度较高的挡板，以此作为定位基准。操作者只需将工件紧靠挡板装夹定位即可。

3) 工件电极的任意已知位置定位

对于任意已知位置，可参照实训课题六(自动多步加工)方法定位。

五、检查与评价

检查与评价表

实训项目	电火花成形加工工件电极的装夹与定位		实训日期		
序号	检查项目	检查内容	评价		备注
1	工艺分析	装夹和定位误差	A		强调装夹和定位的准确性
			B		
			C		
			D		
2	工件电极的装夹	压板装夹 磁性吸盘装夹 三爪卡盘装夹	A		强调各种工件电极的装夹方法
			B		
			C		
			D		
3	工件电极的定位	中心定位 边定位 任意已知位置定位	A		强调各种定位的方法
			B		
			C		
			D		

加工前图样(测量)	加工后图样(测量)

小结

六、实训思考题

(1) 如何装夹工件电极？装夹工件电极的方法有哪些？

(2) 工件电极的定位方法有哪些？各有什么特点？

实训六　电火花成形加工的自动多步加工

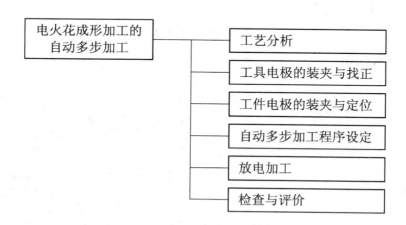

一、实训目的

熟练掌握电火花成形加工的自动多步加工方法。

二、实训项目

(1) 多孔加工的定位方法。

(2) 电火花自动多步加工设定方法。

三、实训器材

电火花成形加工机床、精密刀口角尺、百分表、工具电极、工件电极。

四、实训内容

1. 工艺分析

多孔加工的定位主要是采取了绝对定位(ABS)方式，先根据加工工件的要求，确定工件的基准孔，然后按工件各孔之间的间距完成其余各孔的电火花加工。电火花成形加工的自动多步加工需要编制电规准程序，实现自动完成从粗加工到精加工的全过程。

2. 多孔加工的定位方法

1) 工具电极的装夹与找正

将工具电极装夹在主轴上，找正方法详见实训课题四。工具电极使用边长为 10 mm 的正方形电极。

2) 工件电极的装夹与定位

工件电极的外形尺寸是长为 100 mm，宽为 70 mm，厚为 5 mm。工件电极上需要加工 9 个孔，孔的尺寸为 10 mm×10 mm，每个孔的加工深度为 4 mm，加工工件如图 2-21 所示。

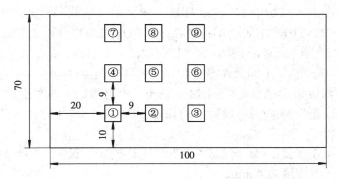

图 2-21 多孔加工工件

(1) 工件电极的装夹同实训课题五。

(2) 工件上需要加工 9 个孔，左下角的孔①为定位孔，绝对坐标的原点在工件的左下角。

(3) 按下手操器的"手动对刀"键，转动 X 轴方向手轮将工具电极移至工件左侧端面外，然后按手操器的"下降"键，将工具电极缓缓下降，使工具电极稍低于工件的上表面。再转动 X 轴方向的手轮，使工具电极轻轻接触工件的端面，此时蜂鸣器叫，按电器控制柜上"X 归零"键，X 数字显示为零，再按下"X"和"ABS-0"键，此时在 X 轴方向上 ABS 方式(绝对方式)和 INC 方式(增量方式)的数值均为零。

(4) 重复(3)的操作，可使工件在 Y 轴方向下端面上 ABS 方式和 INC 方式的数值均为零，这样，绝对坐标的位置将为工件的左下角。

(5) 转动 X 轴和 Y 轴方向手轮，观察电器控制柜面板上的 X、Y 的数值，使其为孔①的坐标值。

(6) 其他各孔的位置可按图 2-21 要求，以孔①位置为基准，分别计算出各孔距孔①位置的绝对坐标值，以后只要转动 X、Y 轴方向的手轮，观察机床面板上的 X、Y 的数值，使其为各孔的坐标值即可。

3. 自动多步加工的程序设定

(1) 在电器控制柜上按下"STEP"(多步加工)键，该键下的数码管数字闪烁，再按"CLEAR STEP"(多步加工清除)键，将先前设置的电规准全部清除。电火花成形机床可连续设置 10 步加工程序，步序分别为 0～9。

(2) 根据电火花成形加工的要求，常常设置粗加工、中加工和精加工三个工步，每个工步均需设置加工的电规准和加工深度，加工深度是以工件上表面为 0，向下为正，深度不累加，均以工件上表面为基准。电规准为一组工艺参数，在机床上均已给出，仅仅需要设置加工电流即可。本例设定的参数见表 2-1。

表 2-1　自动多步加工程序设定表

程序号	加工阶段	加工电流/A	设定深度/mm
1	粗加工	8	3.2
2	中加工	3	3.7
3	精加工	1	4.0

(3) 粗加工：按下"STEP"(多步加工)键，该键上方的数码管数字闪烁，在数字键盘区输入"0"后按"ENTER"(确定)键；再按下"CURRENT"(加工电流)键，加工电流数字闪烁，数字键盘输入电流值 8 A 后，按"ENTER"(确定)键；最后按"DEPTH SET"(加工深度设定)键，电器控制柜上的 Z 轴数值闪动，在数字键盘区输入加工深度值 3.2 mm 后，按"ENTER"键，深度设定完成。在 EDM 状态下，设定的加工深度值在 X 数码管上显示。

(4) 中加工：操作步骤同(3)，设置"STEP"(多步加工)键上方的数码管数字为"1"，加工电流值 3 A，加工深度为 3.7 mm。

(5) 精加工：操作步骤同(3)，设置"STEP"(多步加工)键上方的数码管数字为"2"，加工电流值 1 A，加工深度为 4 mm。

(6) 按下"STEP"(多步加工)键，该键上方的数码管数字闪烁，在数字键盘区输入"0"后按"ENTER"键。此时加工状态回到了粗加工状态的设定参数，再按"AUTO STEP"(自动多步加工)键，该键上的红灯亮，表明设定完毕。

4．放电加工

(1) 转动 X、Y 轴方向上的手轮，将电火花成形加工机床的主轴移动至孔①位置。

(2) 按下手操器的"手动对刀"键，电器控制柜上相应按键上红灯亮，再按住手操器的"下降"键，使 Z 轴缓缓下降，在工具电极即将碰到工件表面之前，应采用点动方式按手操器的"下降"键，直到工具电极与工件接触，机床蜂鸣器叫。此时，按下电器控制柜上的"Z 轴归零"键，使 Z 轴数值归零，再按遥控器的主轴"上升"键，将主轴稍向上抬。抑或采用自动对刀，方法是按电器控制柜上的"AUTO"(自动对刀)键，主轴会自动下降至工件表面，蜂鸣器叫，再按"Z 轴归零"键，使 Z 轴数值归零，再将 Z 轴上抬至某个高度。

(3) 按手操器上的油泵键，开启油泵，油管喷油，调节油管位置，使油喷向工件加工的部位。也可采用浸没式加工方法，将工件全部浸没在工作液槽中。

(4) 按下电器控制柜上的"防火安全"键和"深度到达后机头自动上抬"键，两个键上的红灯亮。

(5) 按手操器上的"放电加工"键(也可按电气控制柜上的"放电加工"键)，机床的脉冲电源启动，Z 轴会有规律地上下升降，进行放电加工。当加工深度达到粗加工的深度后，机床将会自动改变电规准，进入中加工阶段继续放电加工。中加工的深度到达后又会自动切换到精加工阶段，直到完成全部的加工深度后，主轴(Z 轴)会自动上抬，同时机床会切断电源，蜂鸣器也会鸣叫数秒。

(6) 按下手操器上或电器控制柜上的"油泵"键，关闭油泵。

(7) 孔①加工完成后，转动 X 轴和 Y 轴方向上的手轮，将机床主轴移至孔②加工位置，再进行放电加工。

(8) 重复步骤(2)~(6)，完成其他各孔的加工。

(9) 9 个孔全部加工完成后，拆除工具电极和工件，清理工作台，并涂上机油。

五、检查与评价

检查与评价表

实训项目	电火花成形加工的自动多步加工		实训日期		
序号	检查项目	检查内容	评 价		备 注
1	工艺分析	多孔的定位 INC 方式 ABS 方式	A B C D		强调定位的准确性
2	工件电极和工具电极的装夹和定位	工件电极的装夹与定位 工具电极的装夹与定位	A B C D		强调各种工件电极和工具电极的装夹方法和定位方法
3	自动多步加工程序编制	程序编制原则 电规准的确定 加工深度的确定 程序录入	A B C D		强调程序录入的正确性
4	放电加工	加工执行	A B C D		关注加工质量

加工前图样(测量)	加工后图样(测量)

小结

六、实训思考题

(1) 如何采用 INC 方式和 ABS 方式进行工件的定位?

(2) 如何实现自动多步加工?

(3) 如何分配粗加工、中加工和精加工时的电规准?

实训七　去除断在工件中的麻花钻或丝锥的电火花成形加工

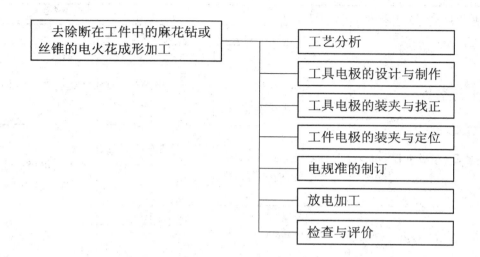

一、实训目的

熟练掌握去除断在工件中的麻花钻或丝锥的电火花成形加工方法。

二、实训项目

(1) 工具电极设计并制作。
(2) 电火花成形加工。

三、实训器材

电火花成形加工机床、精密角尺、百分表、工具电极、工件电极(含有折断的麻花钻或丝锥的工件)。

四、实训内容

1．加工工艺分析

钻削小孔和用直径较小的丝锥攻丝时，由于刀具材料硬且脆，刀具的抗弯、抗扭强度较低，因而操作者操作不当时，往往会再次将麻花钻或丝锥折断在加工孔中。为了避免工件报废，可采用电火花成形加工方法去除断在工件中的麻花钻或丝锥。为此，首先是选择合适的工具电极材料，一般可选择紫铜电极。紫铜电极的导电性能好，电极损耗小，机械加工尚可，但是其电火花成形加工的稳定性非常好。其次是在设计电极时，工具电极的尺寸应视被折断在加工孔中的麻花钻或丝锥的尺寸来确定。工具电极的直径应略小于去除麻花钻或丝锥的直径。最后是确定电规准。因对加工精度和表面粗糙度的要求比较低，所以可选择加工速度快和电极损耗小的粗规准一次加工完成。但加工小孔，工具电极的电流密度会比较大，所以加工电流将受到加工面积的限制，因此必须选择小电流和长脉宽加工。

在电火花加工的过程中，断在小孔中的丝锥或钻头会有残片剥离，而这些残片极有可能造成火花放电短路、主轴上台的情况产生，应及时清理后，再继续加工。

2．工具电极的设计与制作

1）工具电极的设计

工具电极的直径可根据麻花钻或丝锥的直径来设计。比如麻花钻为 $\phi4$，丝锥为 $M4$，工具电极可设计成直径为 $\phi2\sim\phi3$。电极长度应根据断在小孔中的长度加上装夹长度来定，并适当地留出一定的余量。

2）工具电极的制作

工具电极为圆柱形，可在车床上一次加工成形。通常制作成阶梯轴，装夹大端，有利于提高工具电极的强度，如图 2-22 所示。

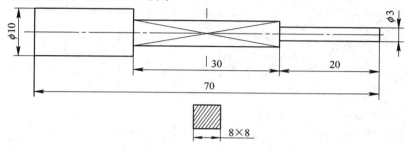

图 2-22　圆柱形电极

3．工具电极的装夹与找正

工具电极可用钻夹头固定在电火花成形加工机床的主轴夹具上，可先用精密角尺找正工具电极对工作台 X 轴和 Y 轴方向的垂直，然后再用百分表再次找正。必要时，可用放电火花找正。另外，工具电极比较细，较易弯曲，应充分利用工具电极上的大圆柱面及台阶端面实现找正。

4．工件电极的装夹与定位

工件电极可以用压板固定，或是用磁性吸盘将工件吸附在吸盘上，若为轴类或套类零件，可用三爪卡盘固定装夹，再用百分表对工件电极找正。

5．电规准的制订

根据加工工艺分析，此处适合小电流、长脉宽的加工工艺较为合适。故选取如下电规准：峰值电流为 $5\sim10$ A，脉冲宽度 $100\sim200$ μs，脉冲间隔为 $40\sim50$ μs。

6．放电加工

开启电火花成形加工机床电源，先按下电器控制柜上的"自动对刀"键，使主轴缓慢下降完成工具电极的对刀，将工件的上表面设定为加工深度零点位置；再设定加工深度，加工深度应根据折断在工件中的麻花钻或丝锥的长度而定；选择浸没式加工方式，将工作箱上的拉杆拔起转动 90°后，放下拉杆，拉杆端部将会堵住卸油口，此时可向加工液箱中加注工作液，待加工液高出工件 $30\sim50$ mm 后，调节溢流高度标尺，确保工件液得以循环流动并且达到溢流高度，工件全部被浸没；最后，按下"放电加工"键，实现放电加工。待加工完成后，拔起拉杆，转动 90°卡位，工作液箱的油从卸油口流回油箱中，取下工件电极和工具电极，清理机床，完成加工。

五、检查与评价

检查与评价表

实训项目	去除断在工件中的麻花钻或丝锥的电火花成形加工		实训日期		
序号	检查项目	检查内容	评 价		备 注
1	工艺分析	工艺安排	A		强调工艺安排的合理性
			B		
			C		
			D		
2	工具电极的设计与制作	电极尺寸设计 电极找正设计 电极制作	A		关注电极的设计与制作过程
			B		
			C		
			D		
3	工具电极的装夹与找正、工件电极的装夹与找正、电规准确定	电极装夹与找正 电规准选择	A		关注电极装夹与找正、电规准的确定原则
			B		
			C		
			D		
4	放电加工	加工执行	A		关注加工质量
			B		
			C		
			D		
加工前图样（测量）			加工后图样（测量）		
小结					

六、实训思考题

(1) 分析去除断在工件中的钻头和丝锥的加工工艺。

(2) 若工件中有一根 *M*8 的断丝锥，断入工件的长度为 10 mm，试设计工具电极，并在电火花成形机床上进行放电加工。

实训八　内六角套筒的电火花成形加工

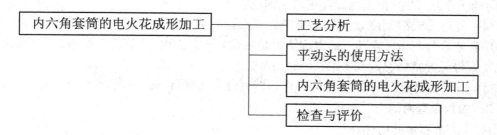

一、实训目的

熟练掌握内六角套筒的电火花成形加工方法。

二、实训项目

内六角套筒的电火花成形加工。

三、实训器材

电火花成形加工机床、精密刀口角尺、百分表、工具电极、内六角套筒。

四、实训内容

1．工艺分析

内六角套筒的电火花加工属于盲孔加工，加工过程中，由于存在着电蚀物排出和工作介质产生的气体排出问题，因此应采取更改电规准和增加抬刀次数的方法加以解决。若电极尺寸较大时，可在电极上加工出通气孔或通油孔来解决。再者，因加工的内六角套筒尺寸变化不大，无需考虑加工面积变化对电加工的影响，所以选择了单电极平动方法加工。

单电极平动法实现了一次装夹，避免了多次更换电极带来的重复定位的问题。在电规准制订上，应选择电极损耗小的规准，同时为了能获得较好的工件侧面，可利用安装在主轴上的平动头对内六角套筒内壁侧面进行修光。平动量的分配采取粗加工和中加工占总量的 3/4，精加工则少量平动。

放电加工前，一定要注意内六角套筒工件的中心定位问题。若中心定位不准，将会出现内六角套筒壁厚不均匀的情况。工件装夹的中心定位靠三爪卡盘保证，工具电极与工件的中心定位靠接触感知。由于要使用平动，需将平动头归零后对中心。

2．平动头的使用方法

(1) 将平动头调节仪接电源，按下按钮开关，平动头上的百分表开始摆动，如图 2-23 所示。

图 2-23　安装在主轴上的平动头

(2) 轻轻旋转平动量调节旋钮，并将调节仪上的调速旋钮设置在中间位置，观察主轴平动情况。平动量大，百分表指针摆动幅度大；平动量小，则百分表摆动幅度小。

(3) 将平动量调节旋钮缓慢地顺时针转动，此时百分表的摆动幅度逐步减小，当摆动量逐步减小到±0.010 范围内时，平动头即已回零点。

(4) 将百分表的刻度盘的零点与指针对准，然后逐渐加大平动量至±0.25、±0.5、±1.0，观察百分表指针摆动量的对称情况是否在允差范围内。若在允差范围内且旋钮手感、电机噪音等无异常情况，则平动头调试完毕。

(5) 平动量设置在单边 0.1 mm 以内，即百分表指针摆动的幅度为 10 格。

3. 内六角套筒的电火花成形加工

1) 内六角套筒的图样分析

内六角套筒工件如图 2-24 所示，材料为 45 钢，毛坯尺寸为 $\phi34 \times 80$ mm，在车床上加工出内孔和外圆，内孔加工尺寸为 $\phi19 \times 18$ mm，并为电火花成形加工留出加工余量。再在铣床上加工出 $\phi15 \times 15$ mm 的正方形台阶。

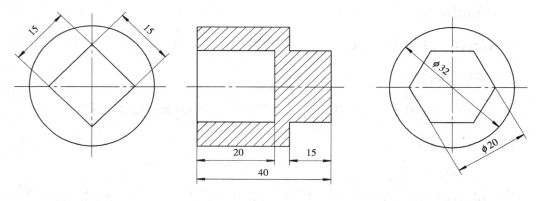

图 2-24　内六角套筒工件图

2) 工具电极的设计与制作

根据内六角套筒工件要求，工具电极的水平形状为正六边形，内接圆直径为 $\phi20$ mm，高度尺寸为 80 mm，工具电极材料为紫铜。另外，考虑到内六角套筒在使用过程中是间隙配合的，因此，适当加大平动量或稍稍放大工具电极的尺寸。

工具电极的制作可利用电火花线切割直接切割出工具电极。

3) 工具电极的装夹与找正

由于工具电极为六边形，直接装夹存在问题，因此一般在工具电极的端面中心位置上钻孔攻丝，加装一个螺钉，作为吊杆，将制作好的工具电极固定在钻夹头上，再与主轴连接。

工具电极的找正方法同实训课题四。

4) 内六角套筒工件电极的装夹与定位

因内六角套筒工件为圆柱体，所以采用三爪卡盘进行装夹和轴心定位，三爪卡盘可以吸附在磁性吸盘上或是用压板固定在工作台上。

5) 选择电规准和平动量

电规准和平动量的选择如表 2-2 所示。

表 2-2　电规准和平动量的选择

表 2-2　电规准和平动量的选择

加工步序	脉冲宽度 /μs	峰值电流 /A	脉冲间隔 /μs	加工深度 /mm	平动量 /mm
粗加工	600	20	200	19	0.6
中加工	200	10	100	19.8	0.3
精加工	20	5	30	20	0.1

6) 放电加工

(1) 开启机床电源。

(2) 对刀，设定工件加工深度零点。

(3) 利用自动多步加工方式，设置电规准。

(4) 开启工作液泵，向工作液槽内加注工作液，加工液应高出工件 30～50 mm，并保证工作液循环流动。

(5) 放电加工。

(6) 加工完成，取下工具电极和工件电极，清理机床工作台。

五、检查与平价

检查与评价表

实训项目	内六角套筒的电火花成形加工		实训日期	
序号	检查项目	检查内容	评价	备注
1	工艺分析	盲孔加工工艺安排	A B C D	强调工艺安排的合理性
2	平动头的使用	平动头的结构 平动头使用方法	A B C D	关注平动头种类、结构和使用方法
3	内六角套筒的电极设计与制作、电极装夹与找正、电规准选择、平动量的确定	电极设计与制作 电极装夹与找正 电规准选择 平动量的确定	A B C D	关注电极设计与制作、装夹与找正、电规准和平动量的确定原则
4	放电加工	加工执行	A B C D	关注加工质量

加工前图样(测量)

加工后图样(测量)

小结

六、实训思考题

(1) 什么是平动？如何设置平动量？平动头如何使用？

(2) 如何实现电火花内六角套筒工件的加工？

(3) 如何设置加工电规准？其原则是什么？

实训九　自制表面粗糙度样板的电火花成形加工

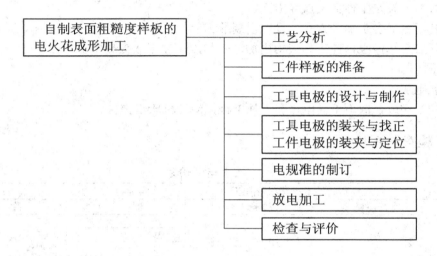

一、实训目的

熟悉自制表面粗糙度样板的电火花成形加工方法。

二、实训项目

自制表面粗糙度样板的电火花成形加工。

三、实训器材

电火花成形加工机床、精密刀口角尺、百分表、工具电极、表面粗糙度样板工件毛坯。

四、实训内容

1．工艺分析

目前，电火花成形加工后的表面粗糙度检验常常使用机加工后的表面粗糙度样板加以比对判定，但是电火花成形加工后的加工纹理与机加工后的完全不同。所以，此法比对的结论也只能作为近似判定。自制电火花加工表面粗糙度样板主要是供操作者目测比较加工工件的表面粗糙度情况。电火花加工表面粗糙度样板上提供了 6 个表面粗糙度要求，如图 2-25 所示。为了能看清楚各粗糙度状况，一般加工深度比较浅。加工过程是先加工表面粗糙度值最小的，然后再依次加工表面粗糙度大的。

采用单电极完成整个表面粗糙度样板的加工比较合适。通常表面粗糙度值越大的工件越容易加工，工具电极的加工面损耗也越小，基本上不需要修整。表面粗糙度数值越小的，工具电极的损耗也就越大，但是放电坑比较小，分布较均匀。设计工具电极时，应适当考虑电极修整余量，工具电极损耗了应及时修整。另外，在放电过程中，对粗糙度小的部分应使用平动，并注意冲油的压力控制，抬刀次数的增加。

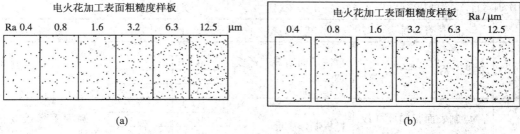

图 2-25　电火花成形加工的自制表面粗糙度样板示意图

2．自制表面粗糙度样板的电火花成形加工

1) 自制表面粗糙度样板的工件准备

工件的材料为不锈钢，尺寸为 100 mm×50 mm×4 mm，目的是避免日后生锈。电火花加工前需要对工件表面进行铣削加工，再进行淬火处理，最后是成形磨削。

2) 工具电极的设计与制作

工具电极的材料为紫铜，尺寸为 10 mm×20 mm×40 mm。由于尺寸不大，故设计成整体式电极。工具电极的水平形状为矩形，工具电极的加工面可先铣削加工，再用电火花线切割一次切割外框，需抛光。

3) 工具电极的装夹与找正

在工具电极的上表面中心位置打孔攻丝，安装一个螺钉作为工具电极的吊杆，将吊杆与钻夹头固定连接到主轴上，用精密刀口角尺和百分表找正工具电极。

4) 工件电极的装夹与定位

将工件放置在工作台上，沿 X 轴方向和 Y 轴方向上分别加装压板，将工件压住。工件的定位方法可采用模板定位，将工件的基准边靠在模板的基准上。

5) 选择电规准

电规准的选择如表 2-3 所示。

表 2-3　电规准的选择

序号	表面粗糙度 /μm	脉冲宽度 /μs	峰值电流 /A	脉冲间隔 /μs
1	12.5	600	30	200
2	6.3	200	20	100
3	3.2	50	10	60
4	1.6	20	5	30
5	0.8	4	4	12
6	0.4	2	2	10

6) 放电加工

放电加工的步骤可参考前面的实训课题。加工深度为 1～2 mm。

五、检查与评价

检查与评价表

实训项目	自制表面粗糙度样板的电火花成形加工		实训日期		
序号	检查项目	检查内容	评 价		备　注
1	工艺分析	自制表面粗糙度样板加工工艺安排	A B C D		强调工艺安排的合理性
2	自制表面粗糙度样板的准备	样板制作质量	A B C D		强调毛坯准备的方法
3	工具电极设计与制作	设计图样 制作方法	A B C D		强调电极设计的方法和制作方法
4	工具电极的装夹与找正 工件电极的装夹与定位	装夹 找正 定位	A B C D		强调电极的装夹、找正、定位
5	选择电规准 放电加工	电规准参数设定 加工执行	A B C D		参数设定 关注加工质量

加工前图样（测量）	加工后图样（测量）

小结

六、实训思考题

(1) 试分析自制表面粗糙度样板的加工工艺。
(2) 自制表面粗糙度样板的电规准拟订原则是什么？
(3) 试自己制作一块表面粗糙度样板。

实训十　工件套料的电火花成形加工

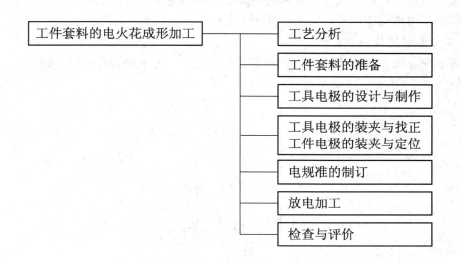

一、实训目的

熟悉工件套料的电火花成形加工工艺。

二、实训项目

工件套料的电火花成形加工。

三、实训器材

电火花成形加工机床、精密刀口角尺、百分表、工具电极、加工工件。

四、实训内容

1. 工艺分析

工件套料的电火花成形加工主要是用于淬硬工件的套孔下料。电火花套孔用紫铜管做工具电极，电极损耗比较小，且加工速度快，生产效率高。工件装夹时，为了下料，应在工件下料处适当悬空。电火花加工为了排屑和排气，常在紫铜管空心部分中通入工作液。另外，加工过程中始终使平动头工作，平动量控制在 0.1 mm 以内。

2．工件套料的电火花成形加工

1) 工件套料的准备

工件尺寸为 100 mm×100 mm×15 mm，材料为 45 钢。工件要求平整，没有毛刺，淬火处理。

2) 工具电极的设计与制作

工具电极采用外径ϕ12 mm，壁厚 2 mm 的紫铜管。紫铜管可在车床上精车一刀，要求其平直，没有毛刺。

3) 工具电极的装夹与找正

将紫铜管固定在钻夹头上，再通过钻夹头上部的连接杆与机床主轴的夹具相连接。工具电极的找正可使用精密刀口角尺和百分表来找正。

4) 工件电极的装夹与定位

工件装夹如图 2-26 所示，采用垫块将工件悬空，一方面可套孔落料，另一方面也为了排屑和排气。

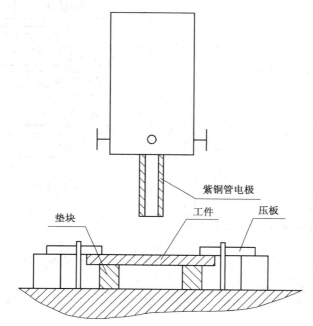

图 2-26 电火花套料加工之工具电极及工件装夹

5) 选择电规准

电规准的选择如表 2-4 所示。

表 2-4 电规准的选择

序号	脉冲宽度 /μs	峰值电流 /A	脉冲间隔 /μs	加工深度 /mm	平动量 /mm
粗加工	300	10	200	4.5	<0.1 始终平动
中加工	80	6	100	4.8	
精加工	10	2	30	5.0	

6）自动多步加工参数设置

根据表 2-4 中的电规准参数，在电火花成形加工机床上进行设置。

7）放电加工

放电加工的步骤可见之前的实训课题。需注意放电加工采用了管状电极，可将加工液通入中间的管孔中，增强加工液的冷却、绝缘、排屑和排气的能力。

五、检查与评价

检查与评价表

实训项目	工件套料的电火花成形加工		实训日期	
序号	检查项目	检查内容	评价	备注
1	工艺分析	工件套料加工工艺安排	A B C D	强调工艺安排的合理性
2	工件套料的准备	套料制作质量	A B C D	强调毛坯准备的方法
3	工具电极设计与制作	设计图样 制作方法	A B C D	强调电极设计的方法和制作方法
4	工具电极的装夹与找正 工件电极的装夹与定位	装夹 找正 定位	A B C D	强调电极的装夹、找正、定位
5	选择电规准 放电加工	电规准参数设定 加工执行	A B C D	参数设定 关注加工质量

加工前图样(测量)	加工后图样(测量)

小结

六、实训思考题

(1) 试分析电火花套料加工的工艺。

(2) 如何装夹和找正紫铜管电极？

(3) 如何选择套料加工的电规准？电规准选择的依据是什么？

第三章　　电火花线切割加工基础知识

电火花线切割加工(Wire Cut EDM)是在电火花成形加工的基础上发展起来的一种新兴加工工艺。它采用细金属丝(钼丝或黄铜丝)作为工具电极,根据数控编程指令,金属丝将沿着给定的轨迹放电切割出相应几何图形的工件。

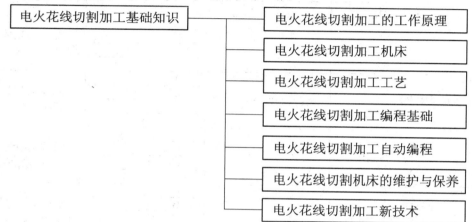

3.1　　电火花线切割加工的工作原理

电火花线切割的工作原理是利用移动的细金属丝(铜丝或钼丝)作为工具电极(接高频电源负极),对工件(接高频电源正极)进行脉冲放电、切割成形。

电火花线切割机床按电极丝运动的速度,可分为高速走丝(快走丝,WEDM-HS)机床和低速走丝(慢走丝,WEDM-LS)机床。电极丝运动速度约为 7～10 m/s 的是高速走丝,低于 0.2 m/s 的为低速走丝。

电火花线切割具有电火花加工的共性,金属材料的硬度和韧性并不会影响加工速度,常用来加工淬火钢和硬质合金。其工艺特点是:

(1) 没有特定形状的工具电极,采用直径不等的金属丝作为工具电极,因此切割所用刀具简单,降低了生产准备工时;

(2) 利用计算机自动编程软件,能方便地加工出复杂形状的直纹表面;

(3) 电极丝在加工过程中是移动的,不断更新(慢走丝)或往复使用(快走丝),基本上可以不考虑电极丝损耗对加工精度的影响;

(4) 电极丝比较细,可以加工微细的异形孔、窄缝和复杂形状的工件;

(5) 脉冲电源的加工电流比较小,脉冲宽度比较窄,属于中、精加工范畴,采用正极性加工方式;

(6) 工作液多采用水基乳化液，不会引燃起火，容易实现无人操作运行；

(7) 当零件无法从周边切入时，工件需要钻穿丝孔；

(8) 与一般切削加工相比，线切割加工的效率低，加工成本高，不适合形状简单的大批量零件的加工；

(9) 依靠计算机对电极丝轨迹的控制，可方便地调整凹凸模具的配合间隙；依靠锥度切割功能，有可能实现凸凹模一次加工成形。

电火花线切割加工为新产品的研制、精密零件加工及模具制造开辟了新的工艺途径。

3.2　电火花线切割加工机床

电火花线切割加工机床发展得相当快，就目前而言，国内现有的线切割加工机床大多为快走丝机床，其原因是一方面价格比较低，另一方面钼丝可往复使用。但是它有精度不够高，且穿丝只能手动操作，比较麻烦的缺点。近些年，国外和国内开发了慢走丝机床，它的特点是精度高，穿丝容易，但是存在价格偏高，且黄铜丝为一次性使用的问题。

电火花线切割加工机床主要由机床本体、脉冲电源、工作液循环系统、控制系统和机床附件等几部分组成。这里以快走丝加工机床为例介绍其组成部分，如图 3-1 所示。

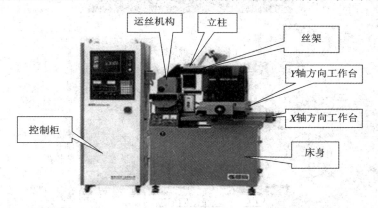

图 3-1　DK7725 快走丝加工机床结构图

1. 机床本体

机床本体由床身、坐标工作台、运丝机构和丝架(线架)组成。

1) 床身

床身一般为铸铁件或是钢板焊接件，是坐标工作台、运丝机构及丝架的支承和固定基础。床身通常采用箱式结构，具有足够的强度和刚度。床身上安装有上丝开关和紧急停止开关，还安装有运丝电机等部件。

2) 坐标工作台

电火花线切割加工机床是通过坐标工作台(X 轴和 Y 轴)与电极丝的相对运动来完成工件的加工的。一般都用由 X 轴方向和 Y 轴方向组成的"十"字拖板，由步进电机带动丝杠和螺母将丝杠的旋转运动转变为工作台的直线运动，通过两个坐标方向各自的进给运动，可组合成各种平面图形轨迹。

3) 运丝机构与丝架

在快走丝加工机床上，将一定长度的电极丝平整地卷绕在储丝筒上，采用恒张力装置控制丝的张力。恒张力装置一方面控制上丝时的钼丝张力，另一方面控制机床加工一段时间后，钼丝由于伸长造成的张力变化，以防止钼丝在加工时出现抖动现象。

储丝筒是通过联轴器与运丝电机相连的。为了往复使用电极丝，电机必须是可以正反转的电机，运用换向机构控制其正反转，如图 3-2 所示。另外，变频技术的使用，可以更好地控制储丝筒的转速。

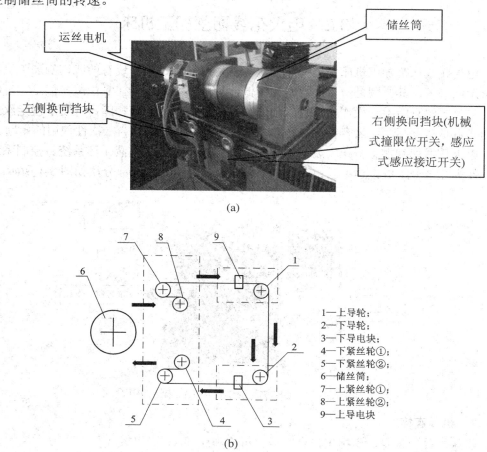

(a)

(a) 运丝机构实物图；(b) 快走丝机床钼丝绕制六式示意图

图 3-2　运丝机构

在运动过程中，电极丝通过上、下丝架支撑，依靠上、下导轮保持电极丝与工作台的垂直或倾斜一定的几何角度(锥度切割时)，通过安装在上、下丝架上的导电块来导电。

锥度切割时，下丝架固定不动，而上丝架允许沿 X 轴方向、Y 轴方向移动一定距离。这就形成了 U 轴(沿 X 轴方向移动一定距离)和 V 轴(沿 Y 轴方向移动一定距离)，组成了四轴联动的电火花线切割加工机床，如图 3-3 所示。

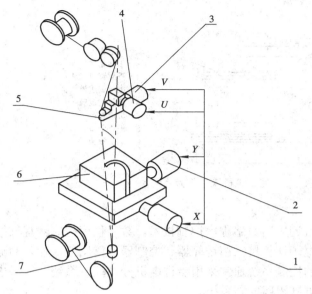

1—X 轴驱动电动机；
2—Y 轴驱动电动机；
3—V 轴驱动电动机；
4—U 轴驱动电动机；
5—上导向器；
6—工件；
7—下导向器

图 3-3　四轴联动锥度切割装置

2．脉冲电源

电火花线切割加工脉冲电源的脉宽较窄($2 \sim 60 \; \mu s$)，单个脉冲能量的平均峰值电流仅 $1 \sim 5$ A 左右，所以电火花线切割加工通常采用正极性加工。最为常用的是高频分组脉冲电源。

高频分组脉冲波形如图 3-4 所示，它是由矩形波派生的一种脉冲波形，即把较高频率的小脉宽和小脉间的矩形波脉冲分组成为大脉宽和大脉间输出。

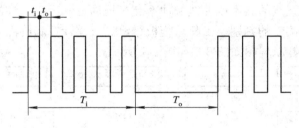

图 3-4　高频分组脉冲波形

由于脉冲电源的脉宽较窄，因此将直接影响到切割时的加工速度。若提高脉宽，又会造成工件表面粗糙度变大，这两项工艺指标是互相矛盾的，而高频分组脉冲波形在一定程度上解决了这一矛盾，使两者之间得以有效结合，可在相同工艺条件下，获得良好的加工效果，因而得到了越来越广泛的应用。

3．工作液循环系统

在电火花线切割加工过程中，需要给机床稳定地供给有一定绝缘性能的工作液，用来冷却电极丝和工件，并排除电蚀物。快走丝线切割机床使用的工作液是专用乳化液，常用浇注式供液方式。慢走丝线切割机床采用去离子水工作液，采用浸没式供液方式。线切割机床工作液系统如图 3-5 所示。

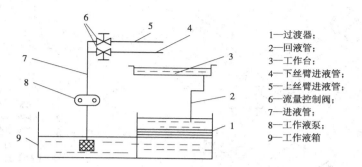

1—过渡器；
2—回液管；
3—工作台；
4—下丝臂进液管；
5—上丝臂进液管；
6—流量控制阀；
7—进液管；
8—工作液泵；
9—工作液箱

图 3-5　线切割机床工作液系统图

4．控制系统

目前的电火花线切割机床普遍采用数字程序控制技术。数字程序控制器是该技术的核心部件，它是一台专用的小型电子计算机，由运算器、控制器、译码器、输入回路和输出回路组成。快走丝线切割机床的控制系统通常采用步进电机开环控制系统，而慢走丝线切割机床的控制系统则采用伺服电机闭环控制系统。

电火花线切割机床控制系统的主要功能是：

(1) 轨迹控制：精确控制电极丝相对于工件的运动轨迹，从而保证加工出所要求的工件尺寸和形状。

(2) 加工控制：用以控制步进电机的步距角、伺服电机驱动的进给速度、脉冲电源产生的脉冲能量、运丝机构的钼丝排放、工作液循环系统的工作液流量等。

电火花线切割机床控制系统的控制方法主要有逐点比较法、数字积分法、矢量判别法和最小偏差法等。线切割机床的控制系统通常采用逐点比较法。即机床的 X、Y 轴是不能同时进给的，只能按直线的斜率或曲线的曲率交替地逼近。因此，控制电机每进给一步，都要求控制系统完成偏差的判别、工作台拖板进给、偏差计算和终点判别。数字程序控制过程框图和加工的插补原理图如图 3-6 和图 3-7 所示。

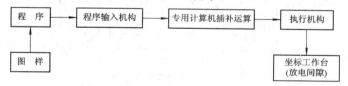

图 3-6　数字程序控制过程框图

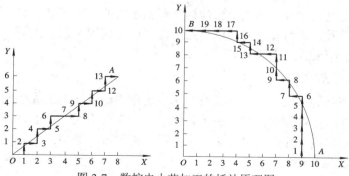

图 3-7　数控电火花加工的插补原理图

5. 机床附件

电火花线切割机床附件包括导轮、导电块、电极丝挡块、导轮轴承、套筒扳手和钼丝垂直校正器等。

套筒扳手用于安装电极丝和调整丝架的高度。丝架的高低与加工工件的厚度有关，可通过套筒扳手旋转丝架立柱内的丝杆，上升或下降上丝架。安装电极丝时，利用套筒扳手旋转储丝筒来排列电极丝。

钼丝垂直校正器的上、下表面各安装了一个红色的发光二极管，轻轻移动工作台，将钼丝与校正器相接触，若钼丝与校正器的上表面接触时，校正器上表面的发光二极管发光，调整在上丝架的 U、V 轴移动距离的旋钮，使校正器上、下表面的发光二极管同时发光，此时为钼丝与工作台垂直，如图 3-8 所示。

图 3-8 钼丝垂直校正器

6. 线切割机床的主要技术参数

电火花线切割机床型号的编制是根据 JB1838—76《金属切削机床型号编制方法》之规定进行的。机床型号由汉语拼音字母和阿拉伯数字组成，它表示了机床的类别、特性和基本参数。

例如，电火花线切割机型号 DK7725 的含义如下：

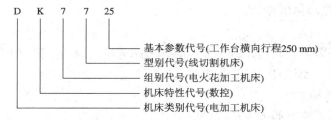

电火花线切割机床的主要技术参数包括：工作台行程(纵向行程×横向行程)、最大切割厚度、加工表面粗糙度、加工精度、切割速度以及数控系统的控制功能等。表 3-1 所示为国家已颁布的《电火花线切割机床参数》(GB7925—87)标准。表 3-2 所示为 DK77 系列数控电火花线切割机床的主要型号及技术参数。

表 3-1 电火花线切割机床参数(GB7925—87)

工作台	横向行程/mm	100		125		160		200		250		320		400		500		630	
	纵向行程/mm	125	160	160	200	200	250	250	320	320	400	400	500	500	630	630	800	800	1000
	最大承载量/kg	10	15	20	25	40	50	60	80	120	160	200	250	320	500	500	630	960	1200
工件尺寸	最大宽度/mm	125		160		200		250		320		400		500		630		800	
	最大长度/mm	200	250	250	320	320	400	400	500	500	630	630	800	800	1000	1000	1200	1200	1600
	最大切割厚度/mm	40、60、80、100、120、180、200、250、300、350、400、450、500、550、600																	
	大切割锥度	0°、3°、6°、9°、12°、15°、18°(18°以上，每挡间隔增加6°)																	

表 3-2　DK77 系列数控电火花线切割机床的主要型号及技术参数

机床型号	DK7716	7720	7725	7732	7740	7750	7763	77120
工作台行程/mm	200×160	250×200	320×250	500×320	500×400	800×500	800×630	2000×1200
最大切割厚度/mm	100	200	140	300(可调)	400(可调)	300	150	500(可调)
加工表面粗糙度 Ra/μm	2.5	2.5	2.5	2.5	6.3～3.2	2.5	2.5	
加工精度/mm	0.01	0.015	0.012	0.015	0.025	0.01	0.02	
切割速度 /(mm² · min⁻¹)	70	80	80	100	120	120	120	
加工锥度	3°～60°，依各厂家的型号不同而不同							
控制方式	各种型号均由单板(或单片)机或微机控制							

3.3　电火花线切割加工工艺

电火花线切割加工工艺包含了线切割加工程序的编制、工件加工前的准备、合理电规准的选择、切割路线的确定以及工作液的合理配置几个方面。

1. 线切割加工程序的编制

1) 加工补偿的确定

为了获得加工零件正确的几何尺寸，必须考虑电极丝的半径和放电间隙，因此补偿量应稍大于电极丝的半径与放电间隙之和。

2) 切割方向的确定

对于加工工件外轮廓的加工适宜采用顺时针切割方向进行加工，而对于加工工件上孔的加工则较适宜采用逆时针切割方向进行加工。

3) 过渡圆半径的确定

对工件的拐角处以及工件线与线、线与圆或圆与圆的过渡处都应考虑用圆角过渡，这样可增加工件的使用寿命。过渡圆角半径的大小应根据工件实际使用情况、工件的形状和材料的厚度来加以选择。过渡圆角一般不宜过大，可在 0.1～0.5 mm 范围内。

2. 工件加工前的准备

(1) 加工工件必须是可导电材料。

(2) 工件加工前应进行热处理，消除工件内部的残余应力。另外，工件需要磨削加工时，还应进行去磁处理。

(3) 工件在工作台上应合理装夹，避免电极丝切割时割到工作台或超程，损坏机床。工件装夹时，还应对工件进行找正，可用百分表或块规进行校正。

(4) 穿丝孔位置须合理选择，一般放在可容易修磨凸尖的部位上。穿丝孔的大小以 3～10 mm 为宜。

3．合理电规准的选择

大多数的电火花线切割加工采用一个固定的电规准自始至终进行加工。若工件尺寸精度和表面粗糙度的要求高，则必须采用小的脉冲能量的电规准进行加工，以提高加工精度和改善加工表面粗糙度，但是加工速度将会降低。

当切割对象是尺寸精度和表面粗糙度要求不高的零件，或者对理化性能特殊的材料实行切断加工时，应采用大的脉冲能量。

采用相同的电规准加工不同厚度的工件材料时，工艺效果不同，因此电规准必须视工件厚度的变化而变化。厚度薄时，可采用小的电规准，而厚度大时，应采用大的电规准。

脉冲宽度与放电量成正比，脉冲宽度大，每一周期内放电时间所占比例就大，切割效率高，加工稳定。脉冲宽度小，放电间隙又较大时，虽然工件切割表面质量很高，但是切割效率会很低。

脉冲间隔与放电量成反比，脉冲间隔越大，单个脉冲的放电时间就越少，虽然加工稳定，但是切割效率低，不过对排屑有利。加工电流与放电量成正比，加工电流大，切割效率高，但工件切割表面粗糙度将会增大。

4．切割路线的确定

在整块坯料上切割工件时，坯料的边角处变形较大(尤其是淬火钢和硬质合金)，因此，确定切割路线时，应尽量避开坯料的边角处。一般情况，合理的切割路线应将工件与其夹持部位分离的切割段安排在总的切割程序末端，尽量采用穿孔加工以提高加工精度。这样可保持工件具有一定的刚度，防止加工过程中产生较大的变形。图 3-9 所示的三种切割路线中，图(a)的切割路线不合理，工件远离夹持部位的一侧会产生变形，影响加工质量；图(b)的切割路线比较合理；图(c)的切割路线最合理。

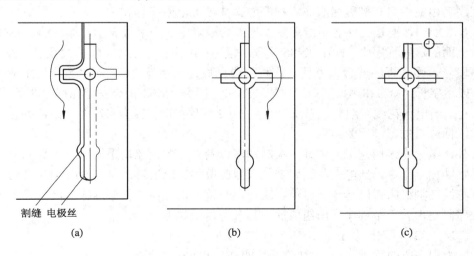

图 3-9　切割路线的制订

5．工作液的合理配置

慢走丝机床的工作液是去离子水，基本上无需考虑工作液的配置。但是快走丝机床的工作液是乳化液，因而必须根据工件的厚度变化来进行合理的配置。工件较厚时，工作液的浓度应降低，增加工作液的流动性；工件较薄时，工作液的浓度应适当提高。

3.4　电火花线切割加工编程基础

电火花线切割加工编程的方法可分为手工编程和计算机辅助自动编程两种。由于切割工件的形状越来越复杂，单靠手工往往无法完成，因此必须借助于计算机辅助技术，依靠线切割编程软件来实现。目前常用的线切割软件大多随机床配套使用，且软件版本众多。但是，不论哪个编程软件都必须先绘制线切割加工工件图形，然后生成加工工件的图形轨迹，再生成加工程序代码。

电火花线切割编程的程序格式主要有 ISO 格式和 3B 格式。

1．ISO 格式编程

ISO 格式编程方式是国际上通用的一种编程方式。一个完整的 ISO 格式加工程序由程序名、程序的主体(若干程序段)、程序结束指令所组成，如：

```
TXWJ
N01    G90
N02    G92 X0 Y0
N03    G01 X2000    Y2000
N04    G01 X10000    Y8000
N05    G01 X4500    Y4500
N06    G01 X0 Y0
N07    M02
```

程序名由文件名和扩展名组成。程序的文件名可以用字母和数字表示，最多可用 8 个字符，如 TXWJ，但是文件名不能重复。扩展名最多用 3 个字母表示，如 TXWJ.ISO。

在上面的这段程序中，N01～N06 是程序段号，N 为程序段名，N 后的数字为段号。有了程序段号，阅读程序就会很方便。在程序段号后是由字母"G"和"数字"组成的加工指令，或由字母"M"和"数字"组成的辅助加工指令。M02 指令安排在程序的最后一句，单列一行。当电火花线切割数控系统执行到 M02 程序段时，就会自动停止进给并使数控系统复位，标志着加工过程的结束。

另外，电火花线切割机床的开、关冷却液以及开、关走丝均采用字母"T"和"数字"组成的辅助加工指令。当电火花线切割机床需要做跳步加工时，还应使用 M00 指令。M00为电火花线切割机床暂停指令，可使机床作短暂暂停，方便操作者拆除电极丝或穿丝。

程序段是由若干个程序字所组成的，其书写格式如下：

　　　N　　　G　　　X　　　Y

其中：N 为程序段的行号，由 2～4 位数字组成，也可省略不写。

G 为准备功能，它是用来建立机床或控制系统工作方式的一种指令，其后续有两位正整数；

X(或 Y)为 X(或 Y)轴移动的距离，单位常用微米，若移动的距离紧跟着小数点，则认为该距离的单位为毫米。表 3-3 是电火花线切割数控机床常用的 ISO 代码。

表 3-3　常用的 ISO 代码

代码	功能	代码	功能
G00	快速定位	G55	加工坐标系 2
G01	直线插补	G56	加工坐标系 3
G02	顺圆插补	G57	加工坐标系 4
G03	逆圆插补	G58	加工坐标系 5
G05	X 轴镜像	G59	加工坐标系 6
G06	Y 轴镜像	G80	接触感知
G07	X、Y 轴交换	G82	半程移动
G08	X 轴镜像，Y 轴镜像	G84	微弱放电找正
G09	X 轴镜像，X、Y 轴交换	G90	绝对尺寸
G10	Y 轴镜像，X、Y 轴交换	G91	增量尺寸
G11	Y 轴镜像，X 轴镜像，X、Y 轴交换	G92	定起点
G12	消除镜像	M00	程序暂停
G40	取消间隙补偿	M02	程序结束
G41	左偏间隙补偿	M05	接触感知解除
G42	右偏间隙补偿	M96	主程序调用文件程序
G50	消除锥度	M97	主程序调用文件结束
G51	锥度左偏	W	下导轮到工作台面高度
G52	锥度右偏	H	工作厚度
G54	加工坐标系 1	S	工作台面到上导轮高度

常用 G 指令详细介绍如下。

1) 快速定位指令 G00

在机床不加工的情况下，G00 指令可使指定的某轴以最快速度移动到编程指定的位置上，其程序段格式为

　　　　G00 X　　　Y

例如：G00 X1000 Y2000　　　(X 轴移动 1 mm，同时 Y 轴移动 2 mm)

2) 直线插补指令 G01

该指令可使机床在各个坐标平面内加工任意斜率直线轮廓和用直线段逼近曲线轮廓，其程序段格式为

　　　　G01 X　　　Y

例 1：

　　　　G92 X0 Y0　　　　　　(用以确定加工的起点坐标位置)

　　　　G90(绝对坐标编程)

　　　　G01 X1000 Y2000　　　(此处的 X、Y 值为终点坐标位置)

例 2：

　　　　G92 X1000 Y2000　　　(用以确定加工的起点坐标位置)

```
        G91                      (相对坐标编程)
        G01 X1000 Y2000      (此处的 X、Y 值为终点坐标与起点坐标之差)
```

　　目前，可加工锥度的电火花线切割数控机床具有 *X*、*Y* 坐标轴及 *U*、*V* 附加轴工作台，其程序段格式为

```
        N   G   X   Y   U   V
```

其中：U 的数值为相对 *X* 轴移动的距离；V 的数值为相对 *Y* 轴移动的距离。

　　3) 圆弧插补指令 G02／G03

　　G02 为顺时针插补圆弧指令；G03 为逆时针插补圆弧指令。

　　用圆弧插补指令编写的程序段格式为

```
        G02 X     Y     I     J      (加工顺时针圆弧)
        G03 X     Y     I     J      (加工逆时针圆弧)
```

　　在程序段中，X、Y 分别表示圆弧终点坐标；I、J 分别表示圆心相对圆弧起点的在 *X*、*Y* 轴方向的增量尺寸。

　　例如：

```
        G92 X1000 Y2000              (起点 A)
        G02 X6000 Y6000 I5000 J0     (AB 段顺时针圆弧)
        G03 X9000 Y3000 I3000 J0     (BC 段逆时针圆弧)
```

　　4) 间隙补偿指令 G40、G41、G42

　　G41 为左补偿指令，其程序段格式为

```
        G41   D100            (电极丝左补偿，间隙补偿量为 0.1 mm)
```

　　G42 为右补偿指令，其程序段格式为

```
        G42   D100
```

程序段中的 D 表示间隙补偿量，D 后面跟的数字应按照电极丝的半径加上放电间隙来确定。

　　G40 为取消补偿指令，它应与 G41 或 G42 成对使用。

　　注意：左补偿和右补偿是沿切割方向而言的，电极丝在加工图形左侧时，应采用左补偿。若电极丝在右侧为右补偿，如图 3-10 所示。

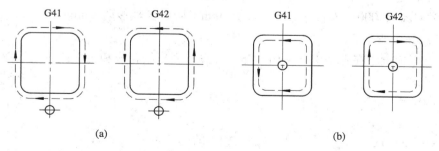

图 3-10　电极丝左补偿和右补偿加工指令示意图
(a) 凸模加工；(b) 凹模加工

2. 3B 格式编程

3B 的编程格式是我国独立创建的一种编程格式。

1) 编程格式

3B 代码的编程书写格式是

　　　　B X B Y B J G Z

其中：

　　B——分隔符号，该编程格式中出现了 3 个 B，故称为 3B 格式；

　　X、Y——相对坐标值，应为该编程轨迹在 X 轴和 Y 轴上的投影；

　　J——加工线段的计数长度；

　　G——加工线段的计数方向；

　　Z——加工指令。

例如：

　　　　B3000 B1000 B3000 GX L1

意为沿 L1 方向直线切割，切割线段在 X 轴上的投影为 3 mm，在 Y 轴上的投影为 1 mm，计数方向为 X 轴方向，计数长度为 3 mm。

(1) 坐标系和坐标值 X、Y 的确定。

电火花线切割加工通常是平面加工，因此可将工作台平面作为坐标系平面。操作者面对机床的工作台，左、右方向为 X 轴，右侧为 X 轴的正方向，前、后方向为 Y 轴，前方为 Y 轴的正方向。

编程时，采用相对坐标系，即坐标原点将随加工指令不断变动。加工直线时，坐标原点为加工线段的起点，坐标值 X、Y 将是该线段的终点坐标。加工圆弧时，坐标原点应为圆弧的圆心坐标，坐标值 X、Y 将是圆弧的起点坐标。坐标值 X、Y 的单位应是微米(μm)。

(2) 计数方向 G 的确定方法。

加工直线时，终点靠近 X 轴，则计数方向就取 X 轴。记作 GX；反之，则记作 GY。倘若加工直线与坐标轴成 45°，则取 X 轴或 Y 轴均可，如图 3-11 所示。

加工圆弧时，终点靠近 X 轴，则计数方向必须选 Y 轴，反之亦如此。倘若加工圆弧的终点坐标与坐标轴成 45° 时，则取 X 轴或 Y 轴均可。

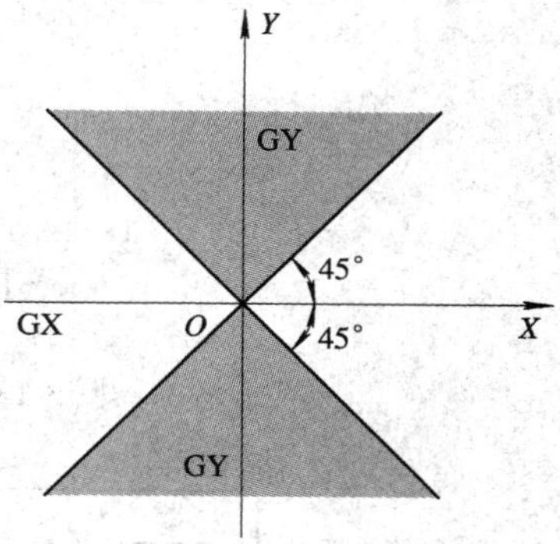

(3) 计数长度 J 的确定方法。

计数长度是在计数方向的基础上确定的。计数长度是被加工的线段或圆弧在计数方向坐标轴上的投影的绝对值总和，单位是微米(μm)。

图 3-11　计数方向的确定

对于直线段，应看计数方向。计数方向为 X 轴，计数长度 J 就为直线段在 X 轴上的投影。计数方向为 Y 轴，计数长度 J 就为直线段在 Y 轴上的投影。

对于圆弧段，同样看计数方向，但应注意是整个圆弧段在计数方向所选轴上投影的总和。选择在哪个轴上的投影总和，应视圆弧的终点坐标而定。当圆弧的终点靠近 X 轴时，则应选择圆弧段在 Y 轴上的投影总和，如图 3-12 所示。当圆弧的终点靠近 Y 轴时，则应选择圆弧段在 X 轴上的投影。

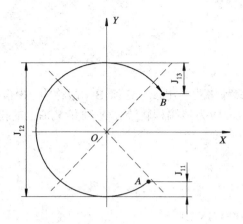

图 3-12　圆弧段计数长度的确定

(4) 加工指令 Z 的确定方法。

加工直线时有四种加工指令：L1、L2、L3、L4。如图 3-13 所示，当加工直线的运动轨迹指向第 I 象限(包括 X 轴正方向而不包括 Y 轴)时，加工指令记作 L1；当加工直线的运动轨迹指向第 II 象限(包括 Y 轴而不包括 X 轴负方向)时，记作 L2；L3、L4 依次类推。在电火花线切割机床上是按图 3-14 所示来定义的。

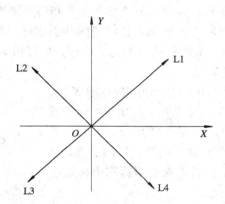

图 3-13　加工直线指令的区域范围及加工指令

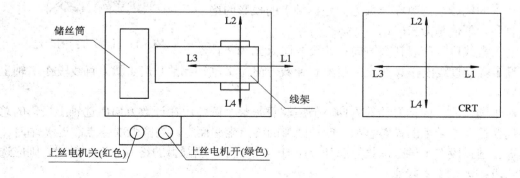

图 3-14　电火花线切割机床对 3B 直线加工指令的定义

加工顺时针圆弧时有四种加工指令：SR1、SR2、SR3、SR4。如图 3-15 所示，当加工圆弧的起点在第 I 象限(包括 Y 轴而不包括 X 轴正方向)时，加工指令记作 SR1；当加工圆弧的起点在第 II 象限(包括 X 轴而不包括 Y 轴正方向)时，记作 SR2；SR3、SR4 依此类推。

　　加工逆时针圆弧时有四种加工指令：NR1、NR2、NR3、NR4。当加工圆弧的起点在第 I 象限(包括 X 轴而不包括 Y 轴正方向)时，加工指令记作 NR1；当起点在第 II 象限(包括 Y 轴而不包括 X 轴负方向)时，记作 NR2；NR3、NR4 依此类推。

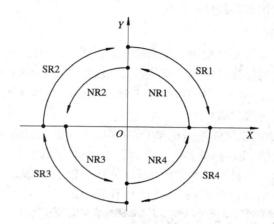

图 3-15　加工圆弧时的指令范围

2) 编程实例

图 3-16 为加工零件，下面按 3B 格式编写零件的线切割加工程序。

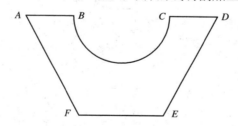

图 3-16　加工工件图

(1) 确定加工路线：起割点为 A 点，加工路线：A→B→C→D→E→F→A。

(2) 计算各段曲线的坐标值。

(3) 按 3B 格式书写编程清单，程序如下：

```
LJ.3B
B1000 B0        B1000 GX L1
B1000 B0        B2000 GY NR3
B1000 B0        B1000 GX L1
B1000 B2000     B2000 GY L3
B2000 B0        B2000 GX L3
B1000 B2000     B2000 GY L2
MJ
```

3.5　电火花线切割加工自动编程

电火花线切割自动编程技术是借助于线切割软件来实现复杂图形的程序编制的技术。线切割编程软件有很多种，如 CAXA、YH、Atop、BAND5、KS 等。在众多的线切割软件中，CAXA 是一款比较优秀的线切割软件。

1. 软件的运行环境

CAXA 线切割软件是北京北航海尔软件有限公司自主开发的线切割自动编程系统。它是面向线切割加工行业的计算机辅助编程软件。该软件是在 CAXA 电子图板的基础上开发的，因此，操作者可以先利用电子图板绘制工件的图形，然后再使用线切割模块，实现图形轨迹的生成和编程代码的生成。

早期的 CAXA 线切割软件版本是在 WINDOWS98 下运行的。2004 年，北京北航海尔软件有限公司又将 CAXA 线切割软件版本升级到 2005 版，该版软件可在 WINDOWS 2000 或 WINDOWS XP 下运行。目前最新的版本是 CAXA 线切割 XP。

图 3-17 所示为 CAXA 线切割软件的基本操作界面。

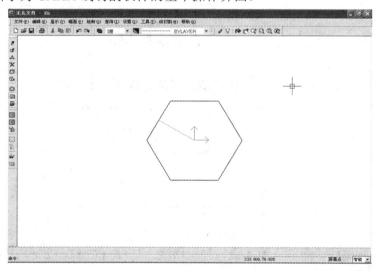

图 3-17　CAXA 线切割软件的基本界面

2. 菜单条功能简介

CAXA 的菜单条如图 3-18 所示。

文件(F)　编辑(E)　显示(V)　幅面(P)　绘制(D)　查询(I)　设置(S)　工具(T)　线切割(W)　帮助(H)

图 3-18　CAXA 线切割软件的菜单条

1) 文件菜单

文件菜单中除包括建立新文件、打开文件、存储文件及另存文件的功能外，还包括绘图输出(打印功能)、应用程序管理器(用于二次开发)和数据接口功能。特别是数据接口功能，它可以实现多种数据格式的读入和输出，如 DWG 文件、DAT 文件、IGS 文件、HPGL 文件的读入，以及 DWG 文件、IGS 文件、HPGL 文件、AUTOP 文件和位图文件的输出。另外，文件菜单中还列出了曾经使用过的文件，如图 3-19 所示。

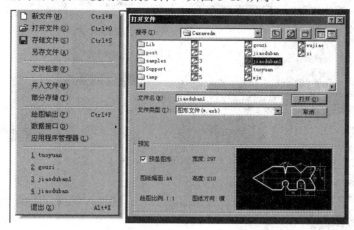

图 3-19　文件菜单工具

2) 编辑菜单

该菜单中包含了取消操作和重复操作(均可多次使用)命令，以及图形操作命令(复制、剪切、粘贴、删除)、图层设置命令(颜色选择、线型选择及图层选择)，如图 3-20 所示。

3) 显示菜单

该菜单主要用于绘制图形的显示模式的选择，同时还提供了鹰眼命令，如图 3-21 所示。当选择鹰眼命令时，程序图形的右下角会出现一个小窗口，可同步显示所绘制的图形。再有还提供全屏显示。

图 3-20　编辑菜单工具

图 3-21　显示菜单工具

4) 幅面菜单

该菜单对图纸幅面进行设置，包括图纸幅面规格、图框、标题栏、零件序号、明细表的设置等，如图 3-22 所示。

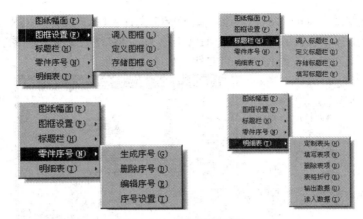

图 3-22　幅面菜单工具

5) 绘制菜单

该菜单提供了各种绘制图形的方法以及图形标注、图形编辑、块操作等命令，如图 3-23 所示。

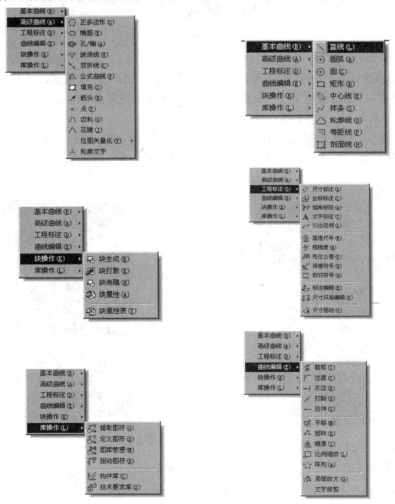

图 3-23　绘制菜单工具

6）查询菜单

该菜单提供了有关图形信息的查询功能，诸如点坐标、两点距离、周长、面积等，如图 3-24 所示。

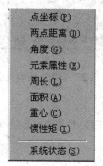

图 3-24　查询菜单工具

7）设置菜单

该菜单是对绘制要素进行设置。设置中有"显示新面孔"和"显示老面孔"的切换，以确保与老版本的兼容，如图 3-25 所示。

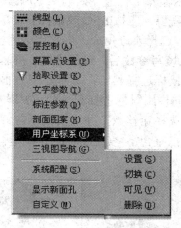

图 3-25　设置菜单工具

8）工具菜单

该菜单提供了一些实用工具，如记事本、计算器和画笔等，如图 3-26 所示。

图 3-26　工具菜单工具图

9）帮助菜单

该菜单提供软件的使用说明等相关信息，如图 3-27 所示。

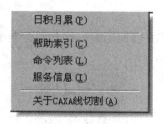

图 3-27　帮助菜单工具

3. 线切割软件的使用

(1) 双击 Windows 桌面上的 WEDM 图标或在 CAXA 软件内的 BIN 文件夹内双击 WEDM 图标。

(2) 进入 CAXA 线切割编程软件。

(3) 建立新文件,文件名为 YUAN。

(4) 鼠标点击菜单栏中的绘制菜单,选择基本曲线中的圆,屏幕左下角出现提示,选择绘制圆的方法,可选择圆心—半径方式,屏幕提示先输入圆心点,如输入(0, 0),然后按 ENTER 键;屏幕再次提示输入半径值,如输入 10 后,一个圆就画完了。注意此时移动鼠标还会出现同心圆,如不需要,应按 ESC 或鼠标右键取消。

(5) 点击线切割菜单栏,选择轨迹生成,屏幕上会弹出线切割轨迹生成参数表对话框,如图 3-28 所示。按表中要求填写参数后,按确定键。屏幕左下方会要求拾取轮廓方向,出现两个相反方向的箭头,用鼠标选择其一;屏幕左下方再次提示加工侧边或补偿的方向,也是两个相反方向的箭头,同样用鼠标选择其一即可。屏幕左下方又要求确定穿丝点位置,可在圆的四周的任意位置上选择穿丝点,并点击鼠标左键予以确定,软件将会提示退出点位置(按回车键穿丝点与退出点重合),按 ENTER 键确定,圆的轨迹生成,圆周上出现绿色线条。

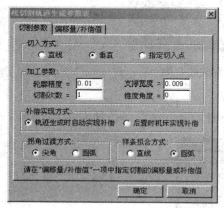
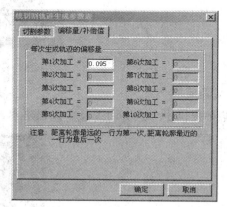

图 3-28　线切割轨迹生成表

(6) 点击线切割菜单栏,选择轨迹仿真,屏幕左下方提示拾取轮廓,即可仿真。仿真方式有两种:一种为静态,圆周上出现数字,数字的顺序就是线切割的切割路径;另一种为连续(动态),可设置不同步长(步长数字大,显示速率快),显示模拟动态加工的速率,如图 3-29 所示。

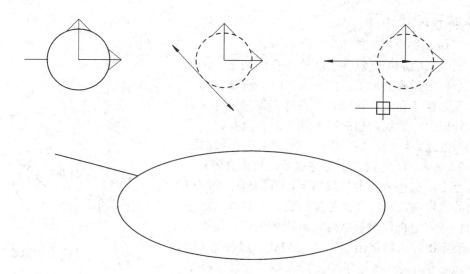

图 3-29　线切割轨迹生成图

（7）点击线切割菜单栏，选择生成 G 代码，软件弹出对话框，要求写出 G 代码文件名，写完后按保存键。屏幕左下方提示拾取轮廓，鼠标拾取后该圆周出现红色线条。点击鼠标右键，弹出记事本对话框，对话框中就是该圆加工时所需的 G 代码文件，如图 3-30 和 3-31所示。

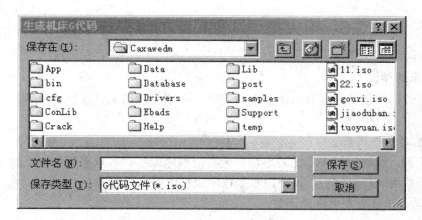

图 3-30　线切割 G 代码保存

```
%(YY.ISO,11/08/99,16:59:28)
G92X-14822Y-168
G01 X-9999 Y-114
G02 X10000 Y0 I9999 J114
G02 X-9999 Y-114 I-10000 J0
G01 X-14823 Y-169
M02
```

图 3-31　线切割 G 代码文件

4. 编程实例

1) "福"字的加工特点

"福"字的加工既包含了 3 个内孔的加工，也包括了一个外形轮廓的加工。内孔加工时，应事先加工出穿丝孔。穿丝孔的位置应合理安排，采用垂直进刀方式。外形轮廓的加工也应事先加工出穿丝孔，采用垂直进刀方式。4 个穿丝孔用跳步加工方式组合起来。如图 3-32 所示，1 号内孔加工完成后，机床会停在 1 号穿丝点上，操作者将电极丝拆下，再按机床控制柜键盘上的确定键，机床会快速移动到 2 号穿丝点后停下。操作者将电极丝重新绕好，再次按机床控制柜键盘上的确定键，机床就会加工 2 号内孔，然后加工 3 号孔，最后机床在 4 号穿丝孔完成穿丝，加工外形轮廓。

图 3-32 "福"字的轨迹生成

2) "福"字程序的编制

在 CAXA 线切割软件上绘制"福"字，绘制完成后，生成 3 个内孔和 1 个外形轮廓的轨迹，轨迹生成中应设置电极丝的偏移补偿量(稍大于电极丝的半径和放电间隙之和)。选择轨迹跳步，将 4 个穿丝点依次连起来，最后生成 G 代码(G 代码略)。

3.6　电火花线切割机床的维护与保养

1. 机床的调整

电火花线切割加工前或对机床定期检查时，必须对线切割机床进行调整。调整应包括如下几个方面。

1) 机床的水平调整

一般来说，线切割机床均比较小巧，无需给机床做基础，只需用垫块垫起就可以了。新机床或是使用一段时间后，需要用水平仪检查机床的水平情况。

2) 导轮、挡块和导电块的调整

加工前，应仔细检查导轮，注意导轮 V 形槽的磨损情况，若磨损严重，将会导致加工时钼丝的抖动，造成断丝情况的发生或影响工件的加工精度。导轮轴承为易损零件，需要定期检查更换。一般轴承为 2~3 个月定期检查一次，导轮为 6~12 个月定期检查一次。对于挡块，要注意检查钼丝是否在挡块之间，这样可以保证钼丝不会偏斜。对于导电块，应注意是否有电蚀物黏附在上面，若有，应及时清理。

3) 工作液的调整

加工中，应密切注意工作液的浓度和导电率指标。特别是快走丝机床使用的乳化液。一般来说，当切割薄的工件时，乳化液的浓度可稍高些；切割厚的工件时，乳化液的浓度应稀一些，以增加乳化液的流动性和清洗能力，否则会造成电蚀物不能及时排出，从而导致短路情况的出现。

　　4) 工件基准和钼丝垂直调整

　　工件在线切割前应加工好基准面，在工件装夹时，用百分表进行校准。钼丝垂直的校准可采用钼丝垂直校准器来完成。

　　5) 电规准的设置

　　电规准设置是否恰当将会对加工工件的表面粗糙度、精度及切割速度有较大影响。增加脉冲宽度，减小脉冲间隔，增大脉冲电压的幅值，提高峰值电流都将使切割速度提高，但是会使工件的表面粗糙度和精度降低，电极丝的损耗也会变大。反之则可改善表面粗糙度，提高加工精度及减小电极丝的损耗。

　　6) 线切割加工中的调整

　　线切割加工过程中，应密切留意电火花的大小和工作液的流量，应使工作液包住电极丝，这样有利于电蚀物的排出。

　　2．安全操作规程

　　电火花线切割机床的安全操作规程应从两个方面考虑：一方面是人身安全，另一方面是设备安全。具体做法是：

　　(1) 操作者必须熟悉线切割机床的操作技术，开机使用前，应对机床进行润滑。

　　(2) 操作者必须熟悉线切割加工工艺，合理地选择电规准，防止断丝和短路的情况发生。

　　(3) 上丝用的套筒手柄使用后，必须立即取下，以免伤人。

　　(4) 在穿丝、紧丝操作时，务必注意电极丝不要从导轮槽中脱出，并与导电块有良好接触；另外，在拆丝的过程中应戴好手套，防止电极丝将手割伤。

　　(5) 放电加工时，工作台不允许放置任何杂物，否则会影响切割精度。

　　(6) 线切割加工前应对工件进行热处理，消除工件内部的残余应力。工件内部的应力可能造成切割过程中工件的爆炸伤人，所以加工时，切记将防护罩装上。

　　(7) 装夹工件时要充分考虑装夹部位和钼丝的进刀位置和进刀方向，确保切割路径通畅，这样可防止加工中碰撞丝架或加工超程。

　　(8) 合理配置工作液(乳化液)浓度，以提高加工效率和工件表面质量。切割工件时应控制喷嘴流量不要过大，以确保工作液能包住电极丝，并注意防止工作液的飞溅。

　　(9) 切割时要随时观察机床的运行情况，排除事故隐患。

　　(10) 机床附近不得摆放易燃或易爆物品，防止加工过程中产生的电火花引起事故。

　　(11) 禁止用湿手按开关或接触电器，也要防止工作液或其他的导电物体进入电器部分，从而引起火灾的发生。

　　(12) 定期检查电器部分的绝缘情况，特别是机床的床身应有良好的接地。在检修机床时，切记不可带电操作。

　　3．日常维护及保养

　　线切割机床维护和保养的目的是保持机床能正常可靠地工作，延长机床的使用寿命。一般的日常维护及保养方法如下。

　　1) 机床的定期润滑

　　机床上需要定期润滑部位主要有工作台纵、横向导轨，滑枕上、下移动导向轮，储丝筒导轨副，丝杠螺母等，可用油枪注入油液，做定期的注油(或油脂)润滑。

2) 机床的定期清理

电蚀物和工作液会部分地黏附在机床导丝系统的导轮、导电块和工作台上，应及时清理。在更换工作液时，可用清洁剂擦洗工作液箱和过滤网之后，再注入干净的工作液。每周应清理机床一次，清洗时应先将电极丝从导丝系统上抽掉，固定在储丝筒上，然后用干净棉丝和毛刷蘸清洁剂清洗导轮、导电块，工作液喷嘴，最后用干棉丝擦干，并在工作台面和张丝滑块导轨上涂一层机油。

3) 机床的定期调整

对于电极丝的挡块和导电块等，应根据使用的时间、间隙的大小和切割出的沟槽深度来进行调整。一般凭经验操作，电极丝的挡块和导电块可旋转，改变与电极丝的接触面。

4) 机床附件的定期更换

机床上导轮、导电块、挡块和导轮轴承均是容易磨损的零件，操作过程中应视磨损情况进行及时更换。

4．常见故障排除

对于电火花线切割机床而言，在操作过程中经常会碰到的故障主要是断丝和短路。这两类故障产生的原因及排除方法见表 3-4。

表 3-4　电火花线切割机床常见故障

故障类型	故障产生的原因	排除方法
断丝	电极丝材质不好，易折弯、打结、叠丝或使用时间过长，电极丝被拉长、拉细且布满微小的放电凹坑	更换高质量的电极丝
	导丝机构的机械传动精度低，绕丝松紧不适度，导轮与储丝筒的径向圆跳动或窜动	调整导丝机构
	导电块长时间使用或位置调整不好，加工中被电极丝拉出沟槽	严重时应更换导电块
	导电轴承磨损或导轮磨损后底部出现沟槽，造成导丝部位摩擦力过大，运行中抖动剧烈	导轮磨损严重时应及时更换
	工件材料的导电性、导热性不好，并含有非导电性质或内应力过大而造成切缝变窄	对工件毛坯进行热处理、去磁处理，减少残余应力
	加工结束时，因工件自重引起切除部分脱落或倾斜，夹断电极丝	可采用吸铁石吸附工件或在工作台上用垫块支撑工件
	工作液的种类选择配制不适当或脏污严重	更换工作液或合理配制工作液
短路	导轮和导电块上的电蚀物堆积严重未能及时清洗	及时清除加工中的电蚀物
	工件变形造成切割缝变窄，使切屑无法及时排出	降低工作液浓度、合理选择电参数或停止加工来清理电蚀物
	工作液浓度太高而造成排屑不畅	降低工作液浓度
	加工参数选择不当而造成短路	合理选择电参数

3.7　电火花线切割加工新技术

自 1955 年前苏联学者提出了电火花线切割加工机床设计方案至今，电火花线切割技术得到了突飞猛进的发展。发展集中在以下几个方面。

1. 机床方面

从高速走丝线切割机床，发展到中走丝线切割机床，再到慢走丝线切割机床，切割精度得以不断提升。单就高速走丝线切割机床而言，有切割大厚度且特重的工件机床，此机床改变了驱动方式，即工件固定不动，而丝架移动；也有切割大锥度零件的机床，此机床将原先固定丝架的立柱改为完全活动的丝架结构；导向器方面用红宝石制作导嘴，大导轮、大丝筒减少换向次数，解决工件切割条纹。张力控制非常必要，北京阿奇的线切割机床的张力控制通过悬挂配重很好地解决了钼丝的张力控制。目前，在高速走丝机床上添加工件旋转轴，使工件在原有 X、Y、U、V 轴基础上又多了一个 C 轴(亦或 A 轴、B 轴)，使得加工工件的形状更加复杂。原本中间凹的圆柱形零件得以加工。

2. 工作液方面

以往的高速走丝线切割机床常常使用乳化液作为加工工作液，乳化液的浓度通过添加水与油的比例进行调节，切割工件的厚薄决定了乳化液是粘稠还是稀薄，但是在使用过程中，切割后的电蚀物不易被工作液带走，从而导致再次放电，直接影响加工质量。另外，工作液的废液处理是个难点，对环境有一定的污染。目前，普遍使用的是更加环保的水基线切割加工液。

3. 切割工艺方面

根据切割工件的材质不同，切割条件不同，制订了相应的电规准数据表，供操作者使用。加工工艺的合理安排，加工轨迹的优化处理。早先由于高速走丝过程中，丝的抖动问题，导致对电极丝的控制成为难题，恒张力装置很好地解决了这一问题，同时，也使得多次切割在高速走丝机床上得以广泛使用。多次切割可以大大提升加工工件的质量，从而获得较为满意的加工表面粗糙度和加工精度。

4. 切割软件方面

随着 CAD/CAM 技术的不断进步，不同的线切割软件也层出不穷。有 CAXA 线切割软件、统达线切割软件、HY 线切割软件，还有 UG 线切割软件、FIKUS 线切割软件等，这些软件都具备了图形绘制功能、切割轨迹生成功能和加工程序代码文件生成功能，并且对于复杂的图形处理能力非常强，友好开放的后置处理功能同样十分必要。

习　题

1. 电火花线切割机床由哪几部分组成？各部分的特点是什么？
2. 电火花线切割机床主要的技术参数有哪些？

3. 电火花线切割机床的编程指令有哪几种类型？各种类型的指令格式是怎样的？

4. 针对图 3-33 所示的加工零件，试用 3B 和 ISO 代码格式编写数控加工程序。

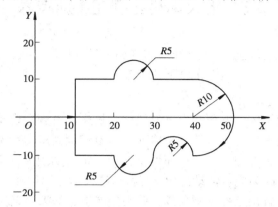

图 3-33　加工零件图形

5. 针对图 3-34 所示的加工零件，试用 3B 和 ISO 代码格式编写数控加工程序。

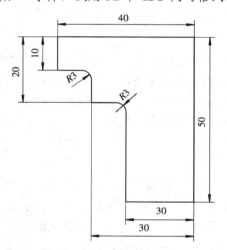

图 3-34　加工零件图形

6. 如何用 CAXA 线切割软件实现自动编程？

7. 电火花线切割加工工艺包括哪几个方面？各个方面的关键工艺是什么？

8. 简述 DK7725 型线切割机床的基本操作步骤。

9. 电火花线切割机床的安全操作规程包括哪些内容？

10. 如何对电火花线切割机床进行日常维护及保养工作？

11. 电火花线切割机床有哪些常见故障？怎样排除？

第四章 电火花线切割加工实训

电火花线切割加工实训结合了生产实际，通过实训项目、实训器材、加工工艺分析、工件程序编制、加工步骤到实训思考题全过程的学习，使读者掌握电火花线切割加工技术。

实训一 电火花线切割加工机床操作

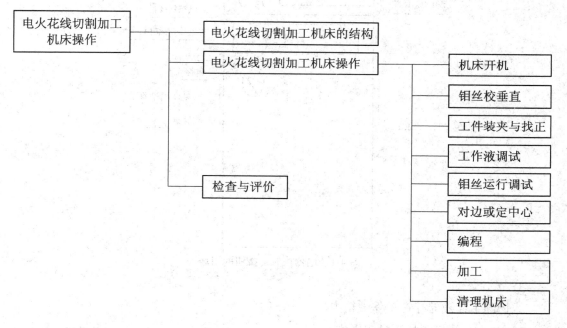

一、实训目的

熟悉电火花线切割加工机床的操作方法。

二、实训项目

(1) 电火花线切割加工机床的结构。
(2) 电火花线切割加工机床的操作。

三、实训器材

电火花线切割加工机床。

四、实训内容

1. 电火花线切割加工机床的结构

1) 机床结构

电火花线切割加工机床的结构见第三章 3.2 节。

2) 电器控制柜

电器控制柜按钮的用途如图 4-1 所示。

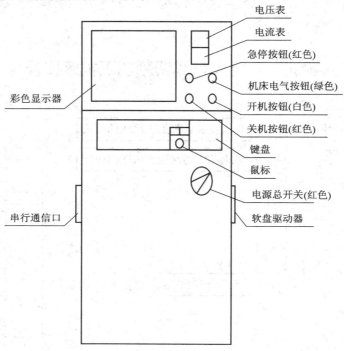

图 4-1　电器控制柜按钮的用途

3) 工作液箱

线切割工作液储存在工作液箱中。

2. 电火花线切割加工机床操作

1) 机床开机

(1) 转动机床电器控制柜上的电源总开关(红色)，按下开机按钮(白色)，起动机床的控制系统。

(2) 计算机屏幕上出现"WELCOME TO BKDC"画面，按下键盘上的任意键进入机床操作的主菜单界面。

(3) 解除机床的急停按钮，再按机床电气按钮(绿色)，机床起动完毕。

2) 钼丝校垂直

用钼丝垂直校正器找正钼丝的垂直度，确保钼丝与工作台垂直。

3) 工件装夹与找正

在工作台上装夹工件，并对工件进行找正。

4) 工作液调试

在机床的主菜单界面下，按 F3(测试)键进入"测试"子菜单，再按 F1(开泵)键，此时冷却液从水嘴喷出。旋转机床床身上的工作液调节旋钮以调节上水嘴和下水嘴的流量大小。应使工作液包裹钼丝为最佳。按 F2(关泵)键关闭工作液泵。

5) 钼丝运行调试

在"测试"子菜单下，按 F3(高运丝)键起动运丝电机，钼丝将高速运行；按 F4(低运丝)键则钼丝将低速运行；按 F5(关运丝)键则运丝电机停止工作；按 F8(退出)键则退出"测试"子菜单，回到主菜单界面。

6) 对边或定中心

在机床的主菜单界面下，按 F5(人工)键，进入"人工"子菜单，再按 F6(对边)键，进入"对边"子菜单，可选择 F1($X+$)、F2($X-$)、F3($Y+$)和 F4($Y-$)。此时工作台运动使钼丝沿 $X+$、$X-$、$Y+$ 和 $Y-$方向移动，与工件轻轻接触后，机床工作台停止运动，完成对边。按 F8(退出)键，返回到"人工"子菜单中。

在"人工"子菜单下，按 F7(定中心)键，进入"定中心"子菜单，可选择 F1(XY)和 F2(YX)两种方式来定中心。若按 F1 键，则钼丝将会先沿 X 方向找中心，钼丝在 X 方向的两侧分别轻轻接触后，回到 X 方向中心上，然后再沿 Y 方向找中心；当钼丝回到 Y 方向的中心位置时，就得到了工件的中心位置。

需要注意的是，采用对边和定中心步骤之前，应确保工件表面光滑，没有毛刺。

7) 编程

在机床的主菜单界面下，按 F8(编程)键，将运行 CAXA 线切割软件。在该软件中，操作者需要完成工件图形的绘制、工件图形轨迹的生成和 G 代码文件的生成等工作。完成后，再退出软件环境，返回到机床的主菜单界面。

8) 加工

(1) 在机床的主菜单界面下，按 F7(运行)键，进入"运行"子菜单，屏幕上显示 G 代码文件名，选择相应的 G 代码文件名，按"ENTER"键后，该 G 代码程序文件被装载到控制系统中。

(2) 在"运行"子菜单下，按 F1(画图)键，进入"画图"子菜单，屏幕上会出现加工工件的图形，可选择 F4(倍缩小)键和 F5(倍放大)键，将加工图形等比例地缩小或放大显示。若想显示加工图形的某个局部，可选择 F1(放大)键；若想旋转加工图形或将加工工件的尺寸放大，或将加工工件做镜像加工，可按 F6(形参数)键设定。按 F8(退出)键返回"运行"子菜单。

(3) 在"运行"子菜单下，按 F2(空运行)键，进入"空运行"子菜单。选择 F1(连续)键，可连续模拟加工过程；选择 F2(单段)键，可按加工路径一段一段地模拟；按 F8(退出)键返回"运行"子菜单。

(4) 在"运行"子菜单下，按 F3(电参数)键，进入"电参数"子菜单。可选择 F1(丝速)键、F2(电流)键、F3(脉宽)键和 F4(间隔比)键，根据工件的加工要求合理地设置电规准。写成 E××××(一组四位数字)。

需要注意的是，在加工之前，操作者必须仔细检查机床状况，特别是检查运丝机构，套筒手柄是否取下，防护罩是否盖好，钼丝是否压在导电块上，钼丝是否在挡丝棒之间等。

(5) 在"运行"子菜单下，按 F7(正向割)键，则机床将开启工作液泵，起动运丝电机，工作台移动，沿编程路径开始加工工件。当钼丝轻触工件时，会产生火花放电，工件金属被蚀除。按 F6(反向割)键，机床将逆编程路径加工。

9) 清理机床

加工完毕后，取下工件，将工件擦拭干净，再将机床擦干净，工作台表面涂上机油。

五、检查与评价

检查与评价表

实训项目		电火花线切割加工机床操作	实训日期		
序号	检查项目	检查内容	评 价		备 注
1	机床组成	机床主机 电器控制柜 工作液箱	A B C D		强调机床组成
2	开机 机床界面	开机过程 机床界面功能	A B C D		强调机床界面功能
3	钼丝校垂直 工件装夹与定位 工作液调试	钼丝校准器使用 工件装夹 工作液流量调节	A B C D		强调校准器的使用方法，工件装夹与定位方法，工作液流量调节
4	编程	编程软件操作（图形绘制、轨迹生成、ISO 代码生成）	A B C D		强调软件操作的全过程
5	加工	电规准设置 切割工件质量	A B C D		电参数设定 关注加工质量
加工前图样(测量) 			加工后图样(测量) 		
小结 					

六、实训思考题

(1) DK7725 电火花线切割机床由哪几部分组成？

(2) 如何进入编程软件环境？软件编程的三个过程分别是什么？

(3) 如何实现工件的对边和定中心？

(4) 如何实现加工图形的控制系统模拟？

(5) 加工工件的电规准包括哪些内容？

(6) 加工前应注意哪些安全措施？

实训二　CAXA 线切割软件自动编程

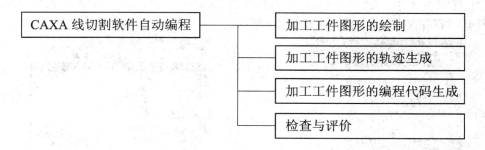

一、实训目的

熟练掌握 CAXA 线切割软件的使用方法。

二、实训项目

(1) 加工工件图形的绘制。

(2) 加工工件图形的轨迹生成。

(3) 加工工件图形的编程代码生成。

三、实训器材

计算机、CAXA 线切割软件。

四、实训内容

1．加工工件图形的绘制

(1) 双击 Windows 桌面上的 WEDM 图标或在 CAXA 软件文件夹内双击 WEDM 图标，进入 CAXA 线切割编程软件的主界面，如图 4-2 所示。

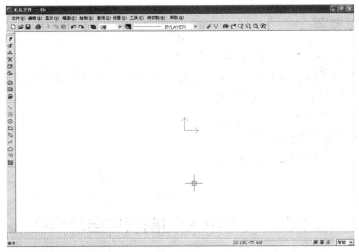

图 4-2　CAXA 线切割软件的主界面

(2) 建立新文件，文件名为 LBX。鼠标点击菜单栏中的"文件"菜单，选择"新文件"，然后选择"存储文件"，如图 4-3 和图 4-4 所示。

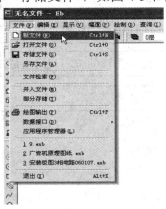

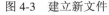

图 4-3　建立新文件

图 4-4　存储文件

(3) 鼠标点击菜单栏中的"绘制"菜单，选择"高级曲线"中的"正多边形"，如图 4-5 所示。也可在"绘制"工具条中选择"正多边形"图标来画图。

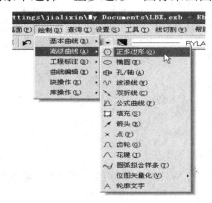

图 4-5　绘制菜单

(4) 根据屏幕左下角出现的提示，输入绘图的条件数据，如图4-6所示。

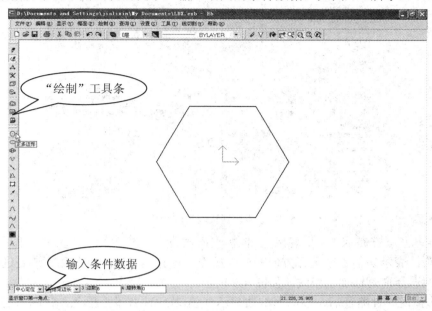

图4-6 绘制六边形

(5) 屏幕上生成绘制的六边形，六边形的中心放在(0，0)坐标上。

2．加工工件图形的轨迹生成

(1) 鼠标点击"线切割"菜单，选择"轨迹生成"，如图4-7所示。也可在工具条中选择"轨迹生成"图标。

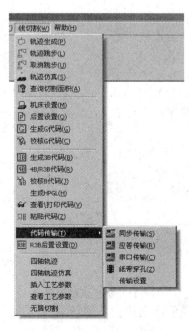

图4-7 线切割菜单条

(2) 在弹出的"线切割轨迹生成参数表"中填写相关参数，如图 4-8 所示。

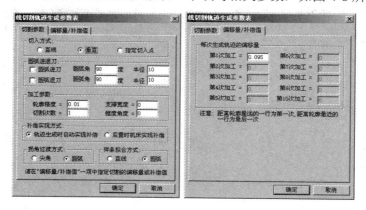

图 4-8　线切割轨迹生成参数表

(3) 屏幕左下方提示"拾取轮廓"，鼠标点击六边形上的某条边，该边上出现两个方向相反的箭头，表示切割路径选择方向，要求操作者选择是采用顺时针加工还是逆时针加工模式。本例选择逆时针加工模式，如图 4-9 所示。

(4) 选择逆时针路径后，该图形的边显示红色(若软件背景是黑色，该图形的轨迹将显示绿色)，并出现与该边垂直方向的两个箭头，提示操作者给出是切割内轮廓还是外轮廓。本例给出的是切割内轮廓，如图 4-10 所示。

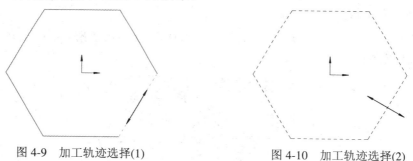

图 4-9　加工轨迹选择(1)　　　　　　　图 4-10　加工轨迹选择(2)

(5) 屏幕左下方提示"设置穿丝点位置"。本例选择穿丝点和退出点均为坐标原点，如图 4-11 所示。

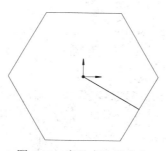

图 4-11　穿丝点位置确定

(6) 鼠标点击"线切割"菜单，选择"轨迹仿真"。也可在工具条中选择"轨迹仿真"图标。轨迹仿真有两种方法：一种是连续(动态)仿真模拟，如图 4-12 所示；另一种是静态仿真模拟，如图 4-13 所示。

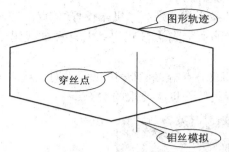

图 4-12　动态轨迹仿真

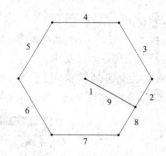

图 4-13　静态轨迹仿真

3．加工工件图形的编程代码生成

(1) 鼠标点击"线切割"菜单，选择"生成 3B 代码"，弹出对话框，要求输入 3B 代码文件名 LBX，输入后按"保存"键，如图 4-14 所示。

(2) 屏幕左下方提示"拾取轮廓"，鼠标拾取六边形后，该六边形的边呈现红色线条，点击鼠标右键，弹出记事本对话框。对话框内容为加工工件图形所需的 3B 代码文件，如图 4-15 所示。

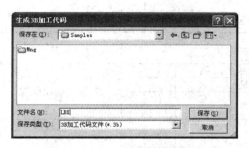

图 4-14　输入 3B 代码文件名

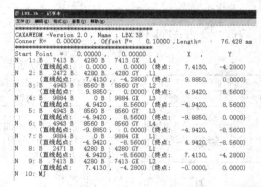

图 4-15　3B 代码文件

同理，可在"线切割"菜单中选择"生成 G 代码"，生成如下加工工件图形的 G 代码文件。

```
(LBX.ISO,01/06/15,21:29:41)
`N10 T84 T86 G90 G92X-284Y-4938;
N12 G01 X+014633 Y-013551；
N14 G01 X+019606 Y-004939；
N16 G01 X+009660 Y+012287；
N18 G01 X-010230 Y+012287；
N20 G01 X-020175 Y-004939；
N22 G01 X-010230 Y-022164；
N24 G01 X+009660 Y-022164；
N26 G01 X+014633 Y-013551；
N28 G01 X-000285 Y-004939；
N30 T85 T87 M02；
```

需要注意的是，在 CAXA 软件的"线切割"菜单中，选择"机床设置"，点击进入"机床类型设置"对话框，该对话框中的设置直接影响所生成的 G 代码。生成的 G 代码必须符合线切割加工机床的要求。

　　CAXA 线切割软件可适合多种线切割加工机床，点击"机床类型设置"对话框中的"增加机床"，填写如图 4-16 所示的内容，就可设置出符合机床要求的 G 代码。

机床类型设置	? X
机床名：F_WEDM	增加机床
行号地址：N　行结束符：;　设置当前点坐标：G92	
快速移动：G00　顺时针圆弧插补：G02　逆时针圆弧插补：G03　直线插补：G01	
开走丝：T86　关走丝：T87　冷却液开：T84　冷却液关：T85	
绝对指令：G90　相对指令：G91　程序停止：M02　暂停指令：M00	
左补偿：G41　右补偿：G42　指定补偿号：D　补偿关闭：G40	
左锥度：G28　右锥度：G29　指定锥度角：A　锥度关闭：G27	
坐标系设置：G54　调用子程序：M98　指定子程序号：P　程序返回：M99	
程序起始符：　　程序结束符号：	
说明：($POST_NAME , $POST_DATE , $POST_TIME)	
程序头：$COOL_ON $ $SPN_CW $ $G90 $ $G92 $COORD_X $COORD_Y	
跳步开始：$PRO_PAUSE	
跳步结束：$PRO_PAUSE	
程序尾：$COOL_OFF $ $SPN_OFF $ $PRO_STOP	
确定[O]　　　清除[C]	

图 4-16　"机床类型设置"对话框

五、检查与评价

检查与评价表

实训项目	CAXA 线切割软件自动编程		实训日期		
序号	检查项目	检查内容	评 价		备 注
1	加工工件图形的绘制	图形绘制(基本曲线、高级曲线功能的应用)	A		强调绘制功能键
			B		
			C		
			D		
2	加工工件图形的轨迹生成	拾取轮廓(内、外) 穿丝点确定 轨迹仿真(静态、动态)	A		强调穿丝点位置和轨迹仿真的正确性
			B		
			C		
			D		
3	加工工件图形的编程代码生成	3B 代码生成 G 代码生成	A		强调生成代码与机床配套
			B		
			C		
			D		
加工前图样(测量)			加工后图样(测量)		
小结					

六、实训思考题

　　运用CAXA线切割软件自行绘制一个工件图形，并实现加工轨迹生成和加工代码生成。

实训三　电火花线切割加工穿丝与找正

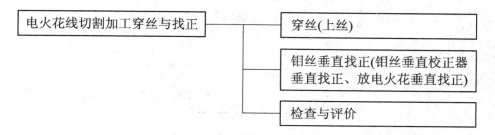

一、实训目的

熟练掌握电火花线切割加工穿丝与找正的方法。

二、实训项目

(1) 穿丝与找正。
(2) 工件找正。

三、实训器材

电火花线切割加工机床、钼丝垂直校正器、百分表。

四、实训内容

1．穿丝

(1) 拆下储丝筒旁和上丝架上方的防护罩。

(2) 将套筒扳手套在储丝筒的转轴上，转动储丝筒，使储丝筒上的钼丝重新绕排至右侧压丝的螺钉处，用十字螺丝刀旋松储丝筒上的十字螺钉，拆下钼丝，如图 4-17 所示。

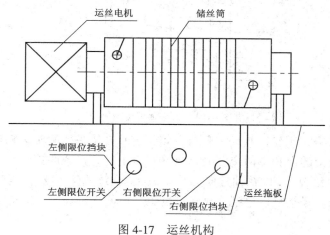

图 4-17　运丝机构

(3) 将钼丝从下丝架处的挡块穿过，到下导轮的 V 形槽，再穿过工件上的穿丝孔，绕到上导轮的 V 形槽，到上丝架的导向轮，最后绕到储丝筒上的十字螺钉，用十字螺丝刀旋紧，穿丝路径如图 4-18 所示。需要注意的是，必须检查钼丝是否与上导电块和下导电块接触。

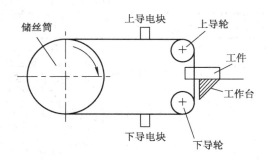

图 4-18　穿丝路径

(4) 旋松右挡块的螺母，用套筒扳手旋转储丝筒，将钼丝反绕一段后，再旋紧右挡块螺母，使右挡块压到右侧的限位开关，确保运丝电机工作时带动储丝筒反转。左侧挡块的调节也如此，这样以确保储丝筒在左、右两个挡块之间反复正反转。

(5) 手动钼丝，观察钼丝的张紧程度。特别是钼丝在切割工件后，钼丝会松，必须进行张紧。钼丝张紧调节可使用张紧轮，将钼丝收紧；也有在机床丝架立柱处悬挂配重的。

(6) 装上储丝筒旁和上丝架上方的防护罩，穿丝完毕。

(7) 按下电器控制柜上的绿色按钮，再按"ENTER"(确定)键，机床重新上电，工作台将由步进电机驱动。

(8) 在机床的主菜单界面下，按 F3(测试)键，进入"测试"子菜单，再按 F3(高运丝)键，此时运丝电机起动，钼丝往复运行，观察穿丝是否正常。

2. 钼丝垂直找正

1) 用钼丝垂直校正器垂直找正

(1) 将钼丝垂直校正器放置在工作台上，如图 4-19 所示。

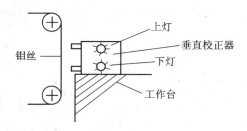

图 4-19　钼丝垂直校正器

(2) 转动 X 轴方向手轮，移动工作台，将钼丝垂直校正器测头轻轻接触钼丝，此时观察钼丝垂直校准器上的上和下两个发光二极管。若上灯亮，说明钼丝与垂直校正器的上测头先接触，调节上丝架上的 X 轴方向调节旋钮(U 轴)，使红灯灭。再慢慢转动手轮，将垂直校正器与钼丝轻轻接触，直到垂直校正器上、下两个灯均亮，X 轴方向钼丝垂直找正完毕。

(3) Y 轴方向的钼丝垂直找正亦如此。

2) 采用放电火花垂直找正

(1) 转动机床电器控制柜的电源总开关，按下开机按钮，起动机床控制系统。

(2) 机床显示器上出现"WELCOME TO BKDC"欢迎画面，按任意键进入主菜单界面。

(3) 按下机床电气按钮(绿色)后，再按回车键(ENTER)，机床准备工作完成。若按了急停按钮(红色)，则机床电气按钮将失去作用，机床也无法正常使用。必须先解除"急停"，再次按机床电气按钮后，才能完成机床准备。

(4) 在机床的主菜单界面下，按 F3(测试)键进入"测试"子菜单。

(5) 在"测试"子菜单中，按 F1(开泵)键，打开冷却液泵，按 F3(高运丝)键，储丝筒高速旋转，钼丝往复运行。

(6) 在"测试"子菜单中，按 F7(电源)键进入"电源"子菜单，同时，装在 X 轴和 Y 轴手轮上的步进电机失电，操作者可以以转动手轮的手动方式移动工作台。注意在正常的线切割加工时，工作台的移动是靠步进电机驱动的，手轮无法转动。

(7) 在"电源"子菜单中，按 F7(测试)键，手动转动 X 轴方向的手轮，使钼丝轻触工件，观察放电火花，应使放电火花在工件的 X 轴方向端面上均匀。不均匀时，可调节上丝架上的 X 轴方向调节旋钮(U 轴)，如图 4-20 所示。

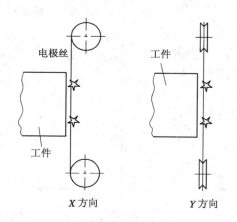

图 4-20　放电火花找正钼丝垂直

(8) 再次转动 Y 轴方向手轮，移动工作台，使钼丝沿 Y 轴方向轻触工件，观察放电火花。应使放电火花在工件 Y 轴方向端面上均匀。不均匀时，可调节上丝架上的 Y 轴方向调节旋钮(V 轴)。

(9) X 轴方向和 Y 轴方向调节完毕后，按 F8(退出)键返回"电源"子菜单。

(10) 再按 F8(退出)键返回"测试"子菜单。

(11) 在"测试"子菜单中，按 F2(关泵)键关闭冷却液，再按 F5(关运丝)键关闭运丝电机，之后按 F8(退出)键返回机床主菜单界面。

(12) 按关机按钮，关闭控制系统，再旋动总电源开关，关闭机床。

五、检查与评价

检查与评价表

实训项目	电火花线切割加工穿丝与找正		实训日期		
序号	检查项目	检查内容	评 价		备 注
1	穿丝(上丝)	穿丝过程 紧丝	A B C D		强调上丝和紧丝的过程
2	用钼丝垂直校正器垂直找正	垂直校正器的使用 上灯、下灯亮度判断钼丝垂直情况	A B C D		强调垂直校正器的使用方法
3	采用放电火花垂直找正	工件的火花放电情况	A B C D		强调对工件进行放电火花的垂直找正

加工前图样(测量)

加工后图样（测量）

小结

六、实训思考题

(1) 电火花线切割加工机床如何穿丝？如何将钼丝张紧？

(2) 钼丝的垂直找正方法有几种？如何使用？

实训四 电火花线切割工件装夹与找正

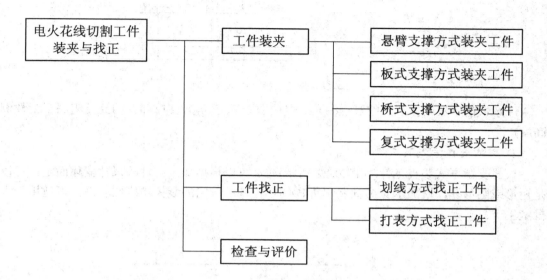

一、实训目的

熟练掌握电火花线切割工件的装夹与找正方法。

二、实训项目

(1) 电火花线切割工件装夹。
(2) 电火花线切割工件找正。

三、实训器材

电火花线切割加工机床、压板、支撑板、划针、百分表。

四、实训内容

1. 工件装夹

工件装夹的形式对加工精度的影响很大。电火花线切割加工机床的夹具相对简单些，通常采用压板螺钉来固定工件。但是为了能适应各种不同的加工工件形状的变化，衍生出了多种工件装夹的方式。

1) 悬臂支撑方式装夹工件

悬臂支撑方式装夹工件(如图 4-21 所示)具有较强的通用性，且装夹方便，但是工件一端固定，另一端悬空，工件容易变形，切割质量稍差。因此，只有在工件技术要求不高或悬臂部分较小的情况下使用。

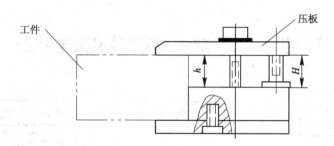

图 4-21　悬臂支撑方式装夹工件

注意：在压板压住工件的过程中，应保证 H 略大于 h(即支撑部分的高度略高于工件侧高度)。

2) 板式支撑方式装夹工件

板式支撑方式装夹工件(如图 4-22 所示)通常可以根据加工工件的尺寸变化而定，可以是矩形或圆形孔，增加了 X 方向和 Y 方向的定位基准。它的装夹精度比较高，可适用于大批量生产。

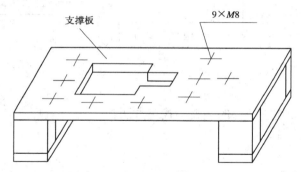

图 4-22　板式支撑方式装夹工件

3) 桥式支撑方式装夹工件

桥式支撑方式装夹工件(如图 4-23 所示)是将工件的两端都固定在夹具上，该装夹方式装夹支撑稳定，平面定位精度高，工件底面与线切割面垂直度好，适用于较大尺寸的零件。

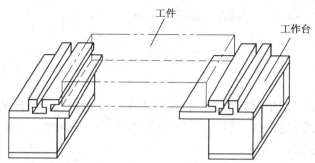

图 4-23　桥式支撑方式装夹工件

4) 复式支撑方式装夹工件

复式支撑方式(如图 4-24 所示)是在两条支撑垫铁上安装专用夹具。它装夹比较方便，特别适用于批量生产的零件装夹。

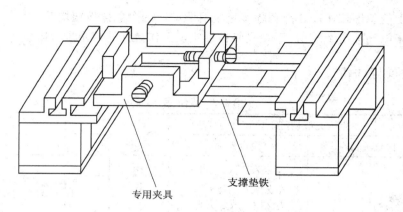

专用夹具　　　　支撑垫铁

图 4-24　复式支撑方式装夹工件

2. 工件找正

1) 划线方式找正工件

用划线找正(如图 4-25 所示)的步骤如下：

(1) 将工件装夹在工作台上。

(2) 装夹工件时压板螺钉先不必旋紧，只要保证工件不能移动即可。

(3) 将百分表的磁性表座吸附在上丝架上，并将一根划针吸附在磁性表座上，让划针的针尖接触工件表面。

(4) 转动 X 方向的手轮，使工作台移动，观察划针的针尖是否与工件上的划线重合。若不重合，调整工件。

(5) 转动 Y 方向的手轮，移动 Y 轴工作台，重复步骤(4)。

(6) 旋紧压板螺钉，将工件固定。

2) 打表方式找正工件

用打表方式找正(如图 4-26 所示)的具体步骤如下：

(1) 将工件装夹在工作台上。

(2) 装夹工件时压板螺钉先不必旋紧，只要保证工件不能移动即可。

(3) 将百分表的磁性表座吸附在上丝架上，在连接杆上安装百分表，让百分表的测量杆接触工件的侧面，使百分表上有一定的数值。

(4) 转动 X 轴方向的手轮，使工作台移动，观察百分表指针的偏转变化，用铜棒轻轻敲击工件，使百分表的指针偏转最小。

(5) 转动 Y 轴方向的手轮，移动 Y 轴工作台，重复步骤(4)。

(6) 旋紧压板螺钉，将工件固定。

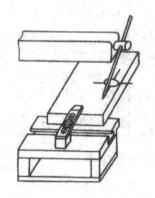

图 4-25　划线方式找正工件

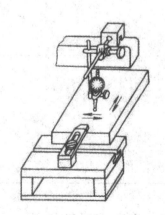

图 4-26　打表方式找正工件

特别提示：工件找正时，机床可不必开机，转动手轮移动工作台。机床开机后，工作台无法移动，手轮将被锁定，转由步进电机驱动。只有按下电器控制柜上的急停按钮(红色)

或机床床身上的急停按钮，才能解除步进电机驱动。两个急停按钮均解除后，再按电器控制柜上的机床电气按钮(绿色)，手轮又将被锁定，工作台移动转由步进电机驱动。

五、检查与评价

检查与评价表

实训项目		电火花线切割工件装夹与找正	实训日期		
序号	检查项目	检查内容	评价		备注
1	工件装夹	悬臂支撑方式装夹 板式支撑方式装夹 桥式支撑方式装夹 复式支撑方式装夹	A B C D		视工件的形状而定
2	划线方式找正工件	划针沿划线方向移动找正	A B C D		划针可无限接近工件，却不能触碰
3	打表方式找正工件	打表沿 X 轴方向和 Y 轴方向移动找正	A B C D		百分表需有 1～2 mm 预调值

加工前图样(测量)

加工后图样(测量)

小结

六、实训思考题

(1) 如何对工件进行装夹？装夹的方法有几种？各自的特点是什么？

(2) 如何对工件进行找正？找正的方法有几种？各自的特点是什么？

实训五　角度样板的电火花线切割加工

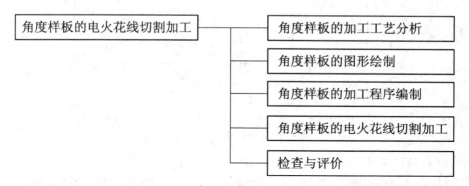

一、实训目的

熟练掌握角度样板的电火花线切割加工方法。

二、实训项目

(1) 用 CAXA 线切割软件对角度样板进行图形绘制与加工程序编制。
(2) 角度样板的电火花线切割加工。

三、实训器材

电火花线切割加工机床、CAXA 线切割软件、加工工件毛坯。

四、实训内容

1. 角度样板的加工工艺分析

角度样板是一种较为常用的测量角度的工具。为了避免日后生锈变形，可选用不锈钢板材加工。角度样板如图 4-27 所示，可测量加工工件的内角和外角。

该角度样板的线切割加工属于轮廓加工，切割时应考虑钼丝补偿，补偿量为钼丝半径加上放电间隙。

该角度样板采用一次切割成形，若多次切割，需给出一定的支撑宽度。为了保证角度样板的切割质量，切割速度可稍慢些，加工电流控制在 2 A 左右。角度样板的图形绘制、轨迹生成以及生成代码由 CAXA 线切割软件完成。

2. 用 CAXA 线切割的软件对角度样板进行图形绘制与加工程序编制

1) 角度样板的图形绘制

(1) 双击 Windows 桌面上的 WEDM 图标或在 CAXA 线切割软件内点击 WEDM 图标，进入 CAXA 线切割软件界面。

(2) 建立新文件，文件名为 JDB。

(3) 按图 4-27 所示的尺寸和角度值绘制角度样板图形。当然，也可以在其他的 CAD 软件中绘制本图形，保存文件的格式为***.DXF(CAXA 线切割软件兼容此格式)。

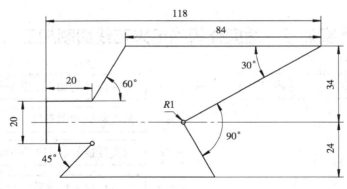

图 4-27 角度样板

2) 角度样板的加工程序编制

(1) 鼠标点击"线切割"菜单，选择"轨迹生成"，屏幕上会弹出"线切割轨迹生成参数表"，按表中要求填写参数后，按确定键。

(2) 根据屏幕下方提示要求拾取轮廓方向，图形轮廓线上出现两个相反方向的箭头，要求操作者制订切割路径的方向。这里选择逆时针方向，鼠标点击逆时针方向的箭头。

(3) 屏幕再次提示要求确定加工侧边或补偿的方向，也是两个相反方向的箭头，该箭头与图形的轮廓线垂直，同样用鼠标选择角度样板外轮廓的箭头。

(4) 屏幕左下方提示要求确定穿丝点位置，在屏幕上靠近角度样板边缘的位置上用鼠标点击确定，也可在屏幕的左下角键盘输入坐标位置。

(5) 屏幕左下方提示要求确定退出点的位置，若选择穿丝点和退出点一致，则按"ENTER"键确定。若另外选择退出点，可输入坐标位置。

(6) 鼠标点击"线切割"菜单，选择"生成 G 代码"，在弹出的对话框中写入 JDB.ISO 后，按保存键。

(7) 鼠标点击角度样板的轮廓，再按鼠标右键，屏幕弹出记事本对话框，框中为角度样板加工的 G 代码程序文件。

加工程序文件 JDB.ISO：

N10 T84 T86 G90 G92X-186827Y21961;

N12 G01 X-181923 Y+021961 ;

N14 G01 X-181923 Y+031961 ;

N16 G01 X-161883 Y+032056 ;

N18 G01 X-148054 Y+056009 ;

N20 G01 X-063828 Y+056056 ;

N22 G02 X-063780 Y+055879 I+000000 J-000095 ;

N24 G01 X-121804 Y+022379 ;

N26 G02 X-121934 Y+022414 I-000047 J+000082 ;

N28 G03 X-122265 Y+021178 I-000783 J-000453 ;

N30 G02 X-122135 Y+021143 I+000048 J-000083 ;

N32 G01 X-108779 Y-001991 ;

N34 G02 X-108861 Y-002134 I-000082 J-000048 ;

N36 G01 X-175828 Y-002134 ;

N38 G02 X-175895 Y-001972 I+000000 J+000095 ;

N40 G01 X-162602 Y+011321 ;

N42 G02 X-162468 Y+011321 I+000067 J-000067 ;

N44 G03 X-162733 Y+011961 I+000640 J+000640 ;

N46 G01 X-181828 Y+011866 ;

N48 G01 X-181923 Y+021961 ;

N50 G01 X-186828 Y+021961 ;

N52 T85 T87 M02;

(8) 退出 CAXA 编程软件。

3. 角度样板的电火花线切割加工

(1) 将待加工的工件毛坯装夹到工作台上，并进行找正。

(2) 使用钼丝垂直校正器对钼丝进行垂直找正。

(3) 转动机床电器控制柜上的红色总开关，然后按白色按钮，开启机床的控制系统，屏幕上显示"WELCOME TO BKDC"画面，按键盘上的任意键，进入机床的主菜单。

(4) 按绿色的机床电气按钮后，再按回车键(ENTER)，机床准备工作完成。

(5) 按键盘上的 F5(人工)键，进入"人工"子菜单。

(6) 在"人工"子菜单中，按 F6(对边)键，进入"对边"子菜单。

(7) 在"对边"子菜单中，选择 F1($X+$)、F2($X-$)、F3($Y+$)或 F4($Y-$)(具体选择 F1～F4 中的哪个键，应根据钼丝和工件毛坯之间的相对位置来确定)。若钼丝在工件毛坯的 X 轴方向上，且工件毛坯在钼丝的右侧，则应按 F1 键，机床向 X 轴的正方向运动，当钼丝碰到工件毛坯边缘时，工作台停止移动。Y 轴方向的对边也如此。

(8) 按 F8(退出)键退出"对边"子菜单，返回到"人工"子菜单。

(9) 按 F8(退出)键退出"人工"子菜单，返回到机床的主菜单。

(10) 在机床的主菜单下，按 F7(运行)键，屏幕上出现加工文件列表，在加工文件列表中选择 JDB.ISO，按"ENTER"确定键，打开该加工文件，同时进入"运行"子菜单。

(11) 在"运行"子菜单中，按 F1(画图)键，图形将会显示在屏幕上，同时进入"画图"子菜单。

(12) 在"画图"子菜单中，可选择 F1(放大)、F2(原图)、F4(倍缩小)、F5(倍放大)、F6(形参数)键，适当调整图形显示的大小，再按 F8(退出)键退出"画图"子菜单，返回"运行"子菜单。

(13) 在"运行"子菜单中，按 F2(空运行)键，进入"空运行"子菜单。

(14) 在"空运行"子菜单中，选择 F1(连续)和 F2(单段)键，观看图形切割仿真情况，特别是切割方向是否合理，以此判断工件毛坯的装夹是否合适。若不合适，可改变形参数加以调整。再按 F8(退出)键退出"空运行"子菜单，返回"运行"子菜单。

(15) 在"运行"子菜单中，按 F3(电参数)键，进入"电参数"子菜单，选择 F1(丝速)、F2(电流)、F3(脉宽)、F4(间隔比)、F5(分组宽)、F6(分组比)或 F7(测试)键，根据工件毛坯的情况选择合适的电参数后，再按 F8(退出)键，返回"运行"子菜单。也可用系统提供的缺省参数"E0001"。

(16) 在"运行"子菜单中，按 F7(正向割)键，机床将开启工作液泵，开走丝，机床开始执行编程指令，沿角度样板的切割路径进行工件毛坯的切割。

(17) 切割完毕后，机床会关闭冷却液泵，关闭走丝，然后按"ENTER"键确认。

(18) 在"运行"子菜单中，按 F8(退出)键，返回到机床主菜单上。

(19) 按机床红色关机按钮，关闭控制系统，再逆时针旋转红色组合开关，关闭机床总电源。

(20) 将加工工件取下，擦拭机床的工作台，并涂上机油。

五、检查与评价

检查与评价表

实训项目	角度样板的电火花线切割加工		实训日期		
序号	检查项目	检查内容	评	价	备 注
1	角度样板的加工工艺分析	切割方式 电参数的确定	A		视加工工件的切割形状而定
			B		
			C		
			D		
2	角度样板的图形绘制和加工程序编制	图形绘制 轨迹生成 轨迹仿真 G 代码生成	A		CAXA 软件操作
			B		
			C		
			D		
3	角度样板的电火花线切割加工	工件毛坯装夹与找正 钼丝找正 工件切割路径的确定 线切割加工	A		加工过程监控
			B		
			C		
			D		
加工前图样(测量)			加工后图样(测量)		
小结					

六、实训思考题

(1) 若加工一个 10 mm × 10 mm × 5 mm 的正方体工件，请使用 CAXA 线切割软件进行正方形绘制、加工轨迹及 G 代码文件生成，并在线切割机床上加工该工件。

(2) 若加工一个边长为 10 mm、厚度为 5 mm 的正六面体工件，请使用 CAXA 线切割软件进行正方形绘制、加工轨迹及 G 代码文件生成，并在线切割机床上加工该工件。

实训六 自制工件压板垫块的电火花线切割加工

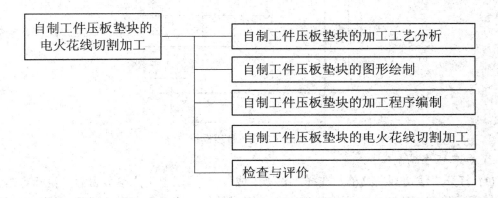

一、实训目的

熟练掌握自制工件压板垫块的电火花线切割加工方法。

二、实训项目

(1) 用 CAXA 线切割软件对工件压板垫块进行图形绘制和加工程序编制。

(2) 自制工件压板垫块的电火花线切割加工。

三、实训器材

电火花线切割加工机床、CAXA 线切割软件、加工工件毛坯。

四、实训内容

1．自制工件压板垫块的加工工艺分析

工件压板垫块是线切割加工中最为常用的夹具之一。工件压板垫块必须有一定的强度和刚性，可采用 45 号钢，淬火处理。工件毛坯尺寸为 120 mm×70 mm×25 mm，工件毛坯需六面磨削加工，无毛刺。

工件压板垫块线切割加工属于外形轮廓加工，加工要求不高，可选择大电流，长脉宽切割方式，以提高切割速度。加工工件有一定的厚度，工作液的浓度应适当降低些。为了确保工件压板垫块各加工面平整，线切割的起刀点应设置在顶角上，这样切割后的工件表面就不会有一个尖尖的凸缘产生。工件的加工厚度比较厚，加工即将完成前，应先暂停一下，用强力磁铁吸附在切割好的割缝处，避免工件切割完成之前，工件切割掉落时将钼丝压断。

2．用 CAXA 线切割软件对自制工件压板垫块进行图形绘制和加工程序编制

1) 图形绘制

在 CAXA 线切割软件中，按图 4-28 所示尺寸绘制工件压板垫块。

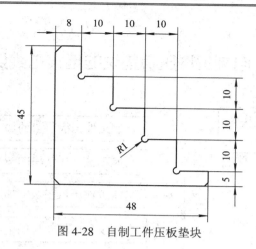

图 4-28　自制工件压板垫块

2) 加工程序编制

(1) 打开"线切割"菜单，选择"轨迹生成"。填写轨迹生成参数表后，鼠标点击绘制图形轮廓，确定切割方向；再选择切割内轮廓或是外轮廓，确定为外轮廓；最后选择穿丝点位置和退出点位置，确定穿丝点和退出点的位置。

(2) 打开"线切割"菜单，选择"生成 G 代码"，生成 G 代码。

G 代码文件如下：

　　YBDK.ISO
　　N10 T84 T86 G90 G92X-5000Y22500;
　　N12 G01 X-000095 Y+022500 ;
　　N14 G01 X-000095 Y+043000 ;
　　N16 G01 X+001933 Y+045067 ;
　　N18 G01 X+008000 Y+045095 ;
　　N20 G01 X+008095 Y+036000 ;
　　N22 G03 X+008905 Y+035000 I-000095 J-001000 ;
　　N24 G01 X+018000 Y+035095 ;
　　N26 G01 X+018095 Y+026000 ;
　　N28 G03 X+018905 Y+025000 I-000095 J-001000 ;
　　N30 G01 X+028000 Y+025095 ;
　　N32 G01 X+028095 Y+016000 ;
　　N34 G03 X+028905 Y+015000 I-000095 J-001000 ;
　　N36 G01 X+038000 Y+015095 ;
　　N38 G01 X+038095 Y+006000 ;
　　N40 G03 X+038905 Y+005000 I-000095 J-001000 ;
　　N42 G01 X+048000 Y+005095 ;
　　N44 G01 X+048095 Y+001000 ;
　　N46 G01 X+047067 Y-000067 ;
　　N48 G01 X+002000 Y-000095 ;
　　N50 G01 X-000067 Y+001933 ;

N52 G01 X-000095 Y+022500；

N54 G01 X-005000 Y+022500；

N56 T85 T87 M02;

3. 自制工件压板垫块的电火花线切割加工

(1) 工件压板垫块的装夹与找正。装夹可采用桥式支撑或悬臂支撑方式装夹，找正用百分表找正。

(2) 钼丝的穿丝与找正。将钼丝经工件上加工出的穿丝孔穿丝，找正可利用钼丝校正器。

(3) 开启机床总电源，机床工作，显示器显示操作主菜单。

(4) 在主菜单下，按 F5(人工)键，进入"人工"子菜单，选择 F7(定中心)键，使钼丝沿 X 轴方向自动定中心然后再沿 Y 轴方向自动定中心，钼丝就会停在穿丝孔的中心位置上。

(5) 按 F8 键退出"人工"子菜单，再按 F8 键返回主菜单。

(6) 在主菜单下，按 F7(运行)键，进入"运行"子菜单，将工件压板的 G 代码文件载入。

(7) 在"运行"子菜单下，按 F1(画图)键，将加工工件的图形显示在屏幕上，并可适当地放大或缩小加工工件的图形。

(8) 在"运行"子菜单下，选择 F2(空运行)键，在屏幕上模拟线切割加工过程。

(9) 在"运行"子菜单下，选择 F3(电参数)键，设定线切割加工的电规准。

(10) 在"运行"子菜单下，按 F5(形参数)键，可使加工图形镜像或旋转。

(11) 在"运行"子菜单下，按 F7(正向割)键，沿切割图形的轨迹来加工工件，也可选择 F6(反向割)键逆着切割图形的轨迹来加工工件。

(12) 加工完成后，取下加工完成的工件压板垫块，擦拭机床。

五、检查与评价

检查与评价表

实训项目	自制工件压板垫块的电火花线切割加工		实训日期		
序号	检查项目	检查内容	评价		备注
1	自制工件压板垫块的加工工艺分析	切割方式 电参数的确定	A		视加工工件的切割形状而定
			B		
			C		
			D		
2	自制工件压板垫块的图形绘制和加工程序编制	图形绘制 轨迹生成 轨迹仿真 G 代码生成	A		CAXA 软件操作
			B		
			C		
			D		
3	自制工件压板垫块的电火花线切割加工	工件毛坯装夹与找正 钼丝找正 工件切割路径的确定 线切割加工	A		加工过程监控
			B		
			C		
			D		
加工前图样(测量)			加工后图样(测量)		
小结					

六、实训思考题

(1) 试对自制工件压板垫块的线切割工艺进行分析。
(2) 试编制工件压板的线切割加工程序，并进行加工。

实训七　电极扁夹的电火花线切割加工

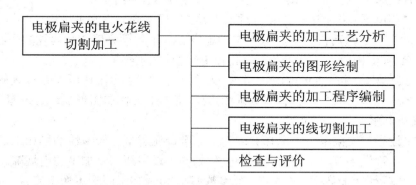

一、实训目的

熟练掌握电极扁夹的电火花线切割加工方法。

二、实训项目

(1) 用 CAXA 线切割软件对电极扁夹进行图形绘制和加工程序编制。
(2) 电极扁夹的电火花线切割加工。

三、实训器材

电火花线切割加工机床、CAXA 线切割软件、加工工件毛坯。

四、实训内容

1. 电极扁夹的加工工艺分析

电极扁夹是为了装夹小型的矩形电极而设计的工具，电极扁夹如图 4-29 所示。材料选择 45 钢，工件毛坯尺寸为 $\phi 30 \times 140$ mm，先在车床上将外圆车出，再用线切割加工电极扁夹右侧电极装夹段。线切割加工时，由于工件为圆柱形，因而考虑工件的定位，选择 V 形块或磁性表座实现。工件切割基准在右侧端面上。为了装夹电极牢固，电极扁夹上设计了一段齿形，齿距为 1 mm，齿高为 0.3 mm，中间有 2 mm 的割缝，且上半部分需要割断。最后打孔、攻丝，旋入 $M6$ 的螺栓。通过调节 $M6$ 螺栓来调节电极扁夹装夹工件的尺寸。

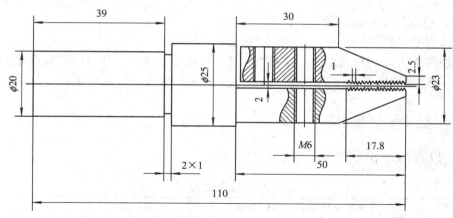

图 4-29 电极扁夹

切割电极扁夹的电规准应选择小电流加工，如选择 2 A 的电流，脉宽应适当小些，切割速度可稍慢些。

2. 用 CAXA 线切割软件对电极扁夹进行图形绘制和加工程序编制

1) 图形绘制

线切割图形如图 4-30 所示。在 CAXA 线切割软件中，绘制电极扁夹线切割图形。由于图形对称，因此绘制时，可画一半后，采用镜像复制。

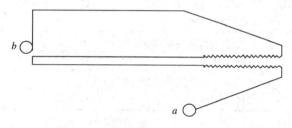

图 4-30 电极扁夹线切割路径

2) 加工程序编制

在 CAXA 线切割软件中，选择"轨迹生成"命令，鼠标选中图形，软件将弹出"轨迹生成参数表"，填写相关参数。重点参数是补偿量，应根据钼丝半径加上放电间隙来确定。然后再次点击图形，软件要求确定穿丝点位置，定在 a 点上，退出点位置定在 b 点上，即可自动生成切割轨迹。

选择"生成 G 代码"命令，鼠标选中图形，填写保存的文件名 DJBJ，然后再次点击图形，鼠标右击，弹出代码文件记事本，G 代码文件生成。(G 代码略)

3. 电极扁夹的电火花线切割加工

(1) 工件装夹与定位。工件为圆柱形，采用悬臂支撑方式，用 V 形块或磁性表座来装夹定位，工件基准设置在扁夹右侧的端面上。

(2) 钼丝穿丝和校准。钼丝从工件外部割入，无需穿丝。校准可利用钼丝垂直校正器。

(3) 切割点位置确定。"对边"操作，将钼丝停在电极扁夹右侧的端面处，将 X 轴方向手轮调到零点，然后转动手轮，移动工作台 20 mm，将钼丝停在 a 点处。Y 轴方向使用"对边"命令,机床自动对准 a 点。

(4) 确定电规准。

(5) 切割加工。切割加工中,注意工作液应包裹住钼丝。工作液的浓度变化会影响切割效率,可适当降低工作液的浓度。切割速度也应放慢些,以保证锯齿部分的齿形加工质量。

(6) 拆除工件,清理机床。

五、检查与评价

检查与评价表

实训项目		电极扁夹的电火花线切割加工		实训日期		
序号	检查项目		检查内容	评 价		备 注
1	电极扁夹的加工工艺分析		切割方式 电参数的确定	A		视加工工件的切割形状而定
				B		
				C		
				D		
2	电极扁夹的图形绘制和加工程序编制		图形绘制 轨迹生成 轨迹仿真 G 代码生成	A		CAXA 软件操作
				B		
				C		
				D		
3	电极扁夹的电火花线切割加工		工件毛坯装夹与找正 钼丝找正 工件切割路径的确定 线切割加工	A		加工过程监控
				B		
				C		
				D		
加工前图样(测量)				加工后图样(测量)		
小结						

六、实训思考题

(1) 线切割加工路径如何确定？确定的依据是什么？

(2) 工件即将切割完毕前，应如何避免工件切割后下落碰断电极丝？

实训八　电火花线切割跳步加工

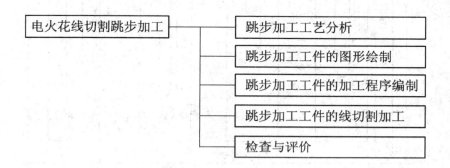

一、实训目的

熟练掌握电火花线切割跳步加工的方法。

二、实训项目

(1) 利用 CAXA 软件绘制加工图形和加工工件程序编制。

(2) 电火花线切割跳步加工。

三、实训器材

电火花线切割加工机床、CAXA 线切割软件、加工工件毛坯。

四、实训内容

1. 跳步加工工艺分析

加工工件如图 4-31 所示，此工件为某电器控制箱插座固定板，属于薄材零件，材料为不锈钢，毛坯尺寸为 200 mm×160 mm×2 mm。在一个毛坯上切割 4 片工件，每片的中间有一个长孔，外轮廓为矩形。线切割时，在每个长孔的中心位置加工出穿丝孔。另外，在每片工件外轮廓的左侧边缘处各加工出一个穿丝孔，这样可有效地限制工件内应力的释放，从而提高工件的加工精度。每一片工件加工时，需要使用跳步加工。即先将钼丝从中心位置的穿丝孔穿过，切割中间长孔，切割结束后，应使机床暂停。拆除钼丝后快速移动工作台到外轮廓的穿丝点，重新穿丝切割。其他 3 片也如此操作。

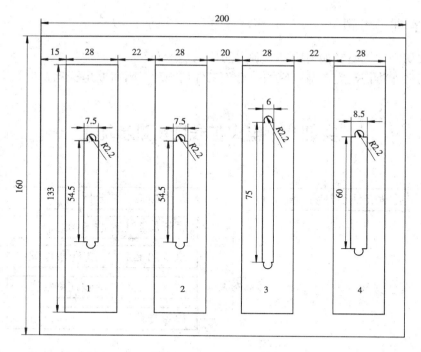

图 4-31　加工工件图

2．利用 CAXA 线切割软件绘制工件图形和加工工件程序编制

1) 加工工件图形绘制

运用 CAXA 线切割软件绘制工件图形，如图 4-32 所示。图形文件名为"TIAOBU"。

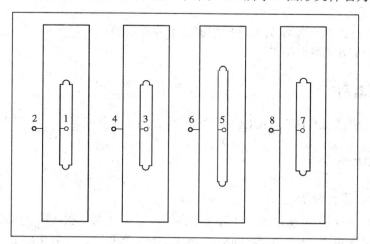

图 4-32　工件轨迹生成示意图

2) 加工程序编制

(1) 点击"线切割"菜单，选择"轨迹生成"，填写"线切割轨迹生成参数表"后，点击"确定"键。

(2) 轨迹生成图形如图 4-32 所示。

（3）点击"轨迹跳步"，跳步顺序为 1→2→3→4→5→6→7→8。

（4）点击"生成 G 代码"，填写 G 代码文件名 TIAOBU.ISO，生成 G 代码文件。G 代码文件中包含跳步命令，命令格式是：

…	（加工内长孔程序段，程序略）
M00	（加工长孔完成，拆除钼丝）
G00X…Y…	（快速移动工作台至外轮廓穿丝孔位置）
M00	（重新穿丝，加工外轮廓）
…	（加工外轮廓程序段，程序略）

3. 线切割加工

1) 工件装夹与定位

将工件毛坯装夹在工作台上，根据工件形状分析，装夹方法可采用两端支撑(桥式)。在工件的长度方向上用压板固定，因为长度方向上切割路径比较短，切割变形影响小。

2) 钼丝垂直校准、穿丝与定中心

通过钼丝垂直校正器对钼丝进行垂直校正。穿丝方法参照之前的实训内容。定中心的方法是采用接触感知的方法，机床工作台移动自动找中心，如图 4-33 所示。

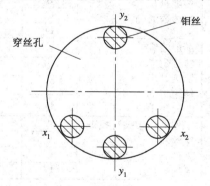

图 4-33　钼丝定中心

3) 线切割加工

（1）在机床主菜单下，按 F7(运行)键，屏幕上出现文件列表，在文件列表中选择文件 TIAOBU.ISO，按"ENTER"确定，同时进入"运行"子菜单。

（2）在"运行"子菜单中，按 F1(画图)键，图形将会显示在屏幕上，同时进入"画图"子菜单。

（3）在"运行"子菜单中，按 F2(空运行)键，在计算机屏幕上模拟切割路径。

（4）在"运行"子菜单中，按 F3(电参数)键，进入"电参数"子菜单，选择 F1(丝速)、F2(电流)、F3(脉宽)、F4(间隔比)、F5(分组宽)、F6(分组比)、F7(测试)键，根据工件的情况选择合适的电参数后，再按 F8(退出)键，返回"运行"子菜单。也可用系统提供的缺省参数"E0001"。

（5）在"运行"子菜单中，按 F7(正向割)键，机床将开启工作液泵，开走丝，机床开始执行编程指令，沿第一个长孔的切割路径进行切割。

（6）第一个长孔切割完成后，机床将暂时停下，操作者拆下钼丝，再按机床上的

"ENTER"键，机床将快速移动到第二个穿丝孔的位置上。

(7) 将钼丝从第二个穿丝孔穿过，重新固定在储丝筒上。

(8) 重新安装储丝筒防护罩、上丝架防护罩和工作台防护罩。

(9) 再次按"ENTER"键，机床将开启工作液泵，开走丝，机床开始沿外轮廓切割。

(10) 切割完毕后，机床再次暂停，拆除钼丝，将机床向第三个穿丝点处移动，到达第三个穿丝点后，操作者完成钼丝穿丝过程，再进行下一步的切削加工。

(11) 剩下的几片工件的加工方法同上。

(12) 全部切割完成后，关闭工作液泵，关闭走丝机构，关闭总电源，取下工件，用棉丝擦拭机床的工作台，并涂上机油。

五、检查与评价

检查与评价表

实训项目		电火花线切割跳步加工	实训日期		
序号	检查项目	检查内容	评 价		备 注
1	跳步加工工艺分析	切割方式 电参数的确定	A B C D		视加工工件的切割 形状而定
2	跳步加工工件的图形 绘制和加工程序编制	图形绘制 轨迹生成 轨迹跳步 轨迹仿真 G 代码生成	A B C D		CAXA 软件操作
3	跳步加工工件的线切 割加工	工件毛坯装夹与找正 穿丝和钼丝找正 工件切割路径的确定 线切割加工	A B C D		加工过程监控
加工前图样(测量)			加工后图样(测量)		
小结					

六、实训思考题

(1) 何为跳步加工？跳步加工的工艺过程怎样？

(2) 有一工件，工件尺寸为 100 mm×100 mm×2 mm，其上要求加工三个孔，一个矩形孔的尺寸为 10 mm×20 mm，两个圆孔的尺寸为 φ15 mm。试用 CAXA 线切割软件绘制图形、加工轨迹生成和 G 代码生成，并用电火花线切割加工机床加工该工件。

实训九　齿轮的电火花线切割加工

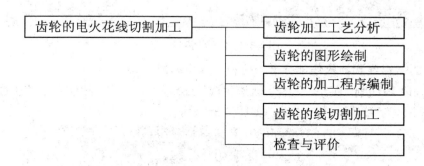

一、实训目的

熟练掌握齿轮的线切割加工方法。

二、实训项目

(1) 使用 CAXA 线切割软件进行齿轮的图形绘制和加工程序编制。
(2) 用电火花线切割加工机床加工齿轮。

三、实训器材

电火花线切割加工机床、CAXA 线切割软件、加工工件毛坯。

四、实训内容

1．齿轮加工工艺分析

齿轮毛坯应六面磨削，无毛刺，事先加工出穿丝孔，并淬火处理。

线切割加工中，齿轮毛坯的厚度是齿轮的齿宽，加之齿轮轮齿为渐开线，应选择电极丝损耗小的电参数，工作液浓度稍低些，工作台进给速度应慢些。

2．用 CAXA 线切割软件进行齿轮的图形绘制和加工程序编制

1) 用 CAXA 线切割软件绘制齿轮

(1) 进入 CAXA 线切割软件，建立新文件，文件名为 CHILUN。

(2) 点击"绘制"菜单，选择"高级曲线"下的"齿轮"选项，在弹出的齿轮参数表中填写 z=17，m=2，单击"下一步"按钮，屏幕上会弹出"渐开线齿轮齿形预显"对话框，输入有效齿数 17，按"完成"键，如图 4-34 所示。

(3) 屏幕上出现齿轮的齿形，输入定位点(0，0)后，齿轮图形将被定位在屏幕上。

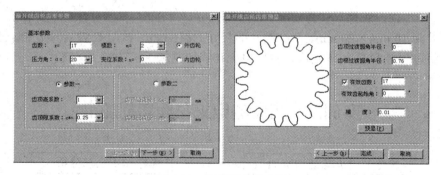

图 4-34 渐开线齿轮参数

2) 用 CAXA 线切割软件进行齿轮的加工程序编制

(1) 点击"线切割"菜单，选择"轨迹生成"，屏幕上会弹出"线切割轨迹生成参数表"，按表中要求填写参数后，按确定键，如图 4-35 所示。

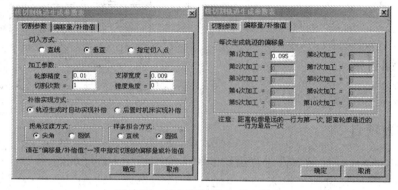

图 4-35 线切割轨迹生成参数表

(2) 屏幕左下方提示拾取齿轮轮廓方向，齿轮轮廓线上出现两个相反方向的箭头，分别指示的是顺时针切割方向和逆时针切割方向，用鼠标选择其一。

(3) 屏幕左下方提示加工侧边或补偿的方向，也是两个相反方向的箭头，选择齿轮齿形外侧的方向。

(4) 屏幕左下方提示确定穿丝点位置，可在齿轮的四周任意位置选择穿丝点，点击鼠标左键确定，软件提示退出点位置(按回车，穿丝点与退出点重合)，按"ENTER"键确定，轨迹生成，齿轮轮廓上出现绿色线条，如图 4-36 所示。

(5) 点击"线切割"菜单，选择"轨迹仿真"，屏幕左下方提示拾取轮廓，即可仿真。

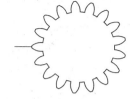

图 4-36 齿轮轨迹生成

(6) 点击"线切割"菜单，选择"生成 G 代码"，软件弹出对话框，要求写出 G 代码文件名(CHILUN.ISO)，写出后按"保存"键。屏幕下方提示拾取轮廓，拾取后齿轮轮廓出现红色线条，点击鼠标右键，弹出记事本对话框，显示 G 代码文件。(G 代码文件略)

3．齿轮的线切割加工

1) 齿轮毛坯的装夹与定位

将打好穿丝孔的工件装夹到机床的工作台上，并对工件进行校准。

2) 钼丝穿丝与垂直校准

将钼丝从齿轮毛坯的穿丝孔穿过，再使用钼丝垂直校正器对钼丝进行垂直校准，最后安装储丝筒保护罩、上丝架保护罩和工作台保护罩。

3) 齿轮线切割加工

(1) 开启机床总电源，机床供电。

(2) 在机床的主菜单下，按F5(人工)键，进入"人工"子菜单，再按F7(定中心)键，进入"定中心"子菜单，用接触感知方法来确定穿丝孔的中心位置。

(3) 在机床的主菜单下，按F7(运行)键，进入"运行"子菜单，再按F1(画图)键，将齿轮图形显示在屏幕上。

(4) 在"运行"子菜单中，按F2(空运行)键，进入"空运行"子菜单，在屏幕上仿真。

(5) 在"电参数"子菜单中，可选择丝速、电流、脉宽、间隔比、分组宽、分组比、速度这7个参数，电参数设置完毕后，按F8(退出)键，返回到"运行"子菜单。也可用机床提供的缺省参数"E0001"。

(6) 按F7(正向割)键，机床启动，工作液泵开，储丝筒旋转，沿编程的切割方向开始加工。加工过程中，应注意控制好工作液的流量，以冷却液包裹钼丝为宜。若按F6(反向割)键，则沿逆编程的切割方向进行加工。

(7) 加工完成后，机床会停在穿丝点位置上，并在屏幕上显示加工完成字样，按"ENTER"键予以确认，再按F8(退出)键返回机床的主菜单。

(8) 从工作台上取下切割的齿轮零件，用棉丝擦干工作台面，涂上机油。

五、检查与评价

检查与评价表

实训项目		齿轮的电火花线切割加工	实训日期	
序号	检查项目	检查内容	评价	备注
1	齿轮加工工艺分析	切割方式 电参数的确定	A B C D	视加工工件的切割形状而定
2	齿轮的图形绘制和加工程序编制	图形绘制 轨迹生成 轨迹仿真 G代码生成	A B C D	CAXA软件操作
3	齿轮的线切割加工	工件毛坯装夹与找正 穿丝和钼丝找正 工件切割路径的确定 线切割加工	A B C D	加工过程监控
加工前图样(测量)			加工后图样(测量)	
小结				

六、实训思考题

设计一个模数为 3，齿数为 20 的内齿轮，用 CAXA 生成轨迹和 G 代码，并在线切割机床上进行加工。

实训十　文字的电火花线切割加工

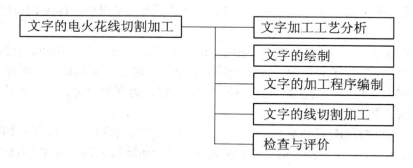

一、实训目的

熟练掌握文字的电火花线切割加工方法。

二、实训项目

(1) 用 CAXA 线切割软件进行文字的绘制和加工程序编制。

(2) 用电火花线切割加工机床加工文字。

三、实训器材

电火花线切割加工机床、CAXA 线切割软件、加工工件毛坯。

四、实训内容

1．文字加工工艺分析

电火花线切割文字加工主要是为了制作文字模板。

电火花线切割文字加工需要文字字体为空心字体，切割时沿文字轮廓加工。

电火花线切割文字加工常选择薄材，材料厚度为 2~3 mm，薄材须平整，无毛刺，事先加工好穿丝孔。切割加工中，选择电极丝损耗小的电参数，工作液浓度应稍浓些。

2．用 CAXA 线切割软件进行文字的绘制和加工程序编制

1) 使用 CAXA 线切割软件绘制文字

(1) 进入 CAXA 线切割软件，建立新文件，文件名为 WENZI。

(2) 点击"绘制"菜单，选择"高级曲线"生成栏中的"文字轮廓"，输入第一角点 (0，0)，及另一角点(40，60)，屏幕上出现"文字标注与编辑"对话框，如图 4-37 所示。

(3) 在"文字标注与编辑"对话框中输入"上"字。若要调整文字大小或字体，可点击对话框中的"设置"按钮，在弹出的"文字标注参数设置"对话框中可以设置文字大小和字体，如图 4-38 所示。设置完后按"确定"按钮返回"文字标注与编辑"对话框，再次按"确定"按钮，屏幕上出现"上"字。

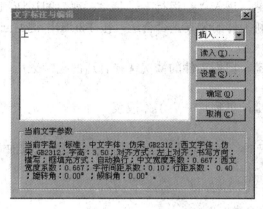

图 4-37　文字标注与编辑

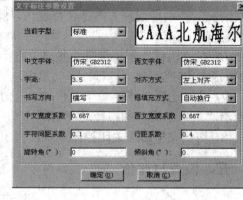

图 4-38　文字标注参数设置

2) 用 CAXA 线切割软件对文字进行加工程序编制

(1) 点击"线切割"菜单，选择"轨迹生成"，在"轨迹生成参数表"中填写所要求的参数，按"确定"按钮。

(2) 屏幕左下方提示要求选择曲线轮廓，点击"上"字曲线轮廓，确定切割加工方向，即顺时针加工或逆时针加工。然后再选择侧边加工方向，即切割"上"字的外轮廓或是内轮廓。最后确定穿丝点和退出点的位置，从而完成"上"字的轨迹生成。

(3) 点击"线切割"菜单，选择"轨迹仿真"，可观察"上"字的计算机仿真过程，如图 4-39 所示。

(4) 点击"线切割"菜单，选择"生成 G 代码"，系统弹出对话框，输入文件名 WENZI.ISO，按"确定"按钮。

(5) 拾取"上"字曲线轮廓，"上"字显示红色，点击鼠标右键，系统弹出记事本，记事本中呈现出"上"字的 G 代码程序。(G 代码略)

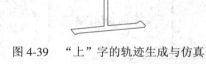

图 4-39　"上"字的轨迹生成与仿真

3．文字的线切割加工

1) 文字工件的装夹与定位

将工件装夹到工作台上，并对工件进行校准。

2) 钼丝的穿丝与校正

先将钼丝从文字毛坯的穿丝孔处穿过，固定在储丝筒上，再用钼丝校正器对钼丝进行垂直校准。

3) 文字的线切割加工

(1) 开启机床，进入线切割机床的主菜单界面。

(2) 在主菜单界面下，按 F5(人工)键，进入"人工"子菜单，对钼丝进行接触感知操作，对钼丝自动定中心。

（3）在主菜单界面下，按 F7(运行)键，在屏幕上显示的文件列表中选择 WENZI.ISO，按"ENTER"键确定，同时进入"运行"子菜单。

（4）在"运行"子菜单下，按 F1(画图)键，图形将会显示在屏幕上。

（5）在"运行"子菜单下，按 F2(空运行)键，进入"空运行"子菜单，观察图形切割仿真情况，特别是切割方向是否合理，以此判断工件的装夹是否合适。按 F8(退出)键返回到"运行"子菜单中。

（6）在"运行"子菜单下，按 F3(电参数)键，根据工件的情况选择合适的电参数后，按 F8(退出)键返回到"运行"子菜单中。

（7）在"运行"子菜单下，按 F7(正向割)键，机床将开启工作液泵，开走丝，机床将开始沿"上"字的切割路径进行切割。

（8）切割完毕后，关闭控制系统，将工件取下，擦拭干净，清理工作台，并涂上机油。

五、检查与评价

检查与评价表

实训项目		文字的电火花线切割加工		实训日期	
序号	检查项目	检查内容	评价		备注
1	文字加工工艺分析	切割方式 电参数的确定	A B C D		视加工工件的切割形状而定
2	文字的绘制和加工程序编制	图形绘制 轨迹生成 轨迹仿真 G 代码生成	A B C D		CAXA 软件操作
3	文字的线切割加工	工件毛坯装夹与找正 穿丝和钼丝找正 工件切割路径的确定 线切割加工	A B C D		加工过程监控

加工前图样(测量)　　　　　　　　　　加工后图样(测量)

小结

六、实训思考题

用 CAXA 线切割软件绘制某个文字，对该文字进行轨迹生成和 G 代码文件生成，最后在电火花线切割加工机床上加工。

实训十一　矢量图形的电火花线切割加工

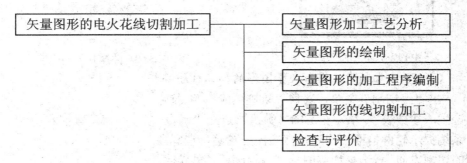

一、实训目的

熟练掌握矢量图形的电火花线切割加工方法。

二、实训项目

(1) 用 CAXA 线切割软件进行矢量图形的绘制和加工程序编制。
(2) 用电火花线切割加工机床加工矢量图形工件。

三、实训器材

电火花线切割加工机床、CAXA 线切割软件、加工工件毛坯。

四、实训内容

1. 矢量图形加工工艺分析

位图矢量化是将 Windows 的 BMP 格式文件转换成矢量图，这样可提取位图上的数据点，画出图形轮廓线。提取数据点的精度往往影响图形的准确性，可根据实际情况选择。另外，转换成的轮廓线可以用尖角拟合或圆弧拟合。

用位图矢量化的方法做线切割加工主要用在美术制品的模板制作或是扫描图形的加工方面。一般工件大多用薄材加工，应选择电极损耗小的电参数，工作液的浓度适当高些，机床走刀速度可快些。

2. 用 CAXA 线切割软件进行矢量图形的绘制和加工程序编制

1) 用 CAXA 线切割软件进行矢量图形的绘制

(1) 进入 CAXA 线切割软件，建立新文件，文件名为 SLT。

(2) 点击"绘制"菜单，选择"位图矢量化"生成栏的"矢量化"命令，在弹出的"选择图像文件"对话框中选择文件类型为 BMP 文件,然后按"确定"按钮,屏幕上出现图形,如图 4-40 和图 4-41 所示。

图 4-40　矢量化前的图形

图 4-41　矢量化后的图形

2) 用 CAXA 线切割软件进行矢量图形的加工程序编制

(1) 点击"线切割"菜单,选择"轨迹生成",系统弹出"轨迹生成参数表",填写合适的参数后,点击"确定"按钮。系统提示轮廓拾取,用鼠标点击图形轮廓,选择图形轮廓的切割方向,再选择切割图形是内轮廓还是外轮廓,最后确定穿丝点和退出点位置。

(2) 点击"线切割"菜单,选择"轨迹仿真",观察矢量化后的图形计算机仿真过程,如图 4-42 所示。

(3) 点击"线切割"菜单,选择"生成 G 代码",在弹出的对话框中输入文件名 SLT.ISO。

(4) 用鼠标拾取曲线轮廓,轮廓将显示红色,点击鼠标右键,系统弹出记事本,记事本中为曲线轮廓的 G 代码程序。(G 代码程序文件略)

图 4-42　矢量化图形仿真

3. 矢量图形的线切割加工

1) 工件装夹与定位

将工件装夹到工作台上,并进行定位校准。

2) 钼丝的穿丝与找正

将钼丝从穿丝孔穿过,完成穿丝工作;再用钼丝校正器对钼丝进行垂直找正。

3) 线切割矢量图形的加工

(1) 开启机床,进入机床的主菜单界面。

(2) 在机床的主界面下,按 F5(人工)键,进入"人工"子菜单,进行钼丝定中心操作。

(3) 在机床的主界面下,按 F7(运行)键,在文件中选择 SLT.ISO,按"ENTER"键确定,同时进入"运行"子菜单。

(4) 在"运行"子菜单下,按 F1(画图)键,图形将会显示在屏幕上。

(5) 在"运行"子菜单下,按 F2(空运行)键,可在"空运行"子菜单中观察矢量图形线切割仿真运行情况,特别是看线切割方向是否合理,以此判断工件的装夹是否合适。

(6) 在"运行"子菜单下,按 F3(电参数)键,进入"电参数"子菜单,根据工件的情况选择合适的电参数后，按 F8(退出)键返回"运行"子菜单。也可用系统提供的缺省电参数"E0001"。

(7) 在"运行"子菜单下，按 F7(正向割)键，机床将开启工作液泵，开走丝，机床将沿矢量图形的切割路径进行切割。

(8) 切割完毕后，按"ENTER"键确认，关闭机床，将工件取下，擦拭干净，清理工作台，并涂上机油。

五、检查与评价

检查与评价表

实训项目	矢量图形的电火花线切割加工		实训日期	
序号	检查项目	检查内容	评价	备注
1	矢量图形加工工艺分析	切割方式 电参数的确定	A B C D	视加工工件的切割形状而定
2	矢量图形的绘制和加工程序编制	矢量图形的绘制 轨迹生成 轨迹仿真 G 代码生成	A B C D	CAXA 软件操作
3	矢量图形的线切割加工	工件毛坯装夹与找正 穿丝和钼丝找正 工件切割路径的确定 线切割加工	A B C D	加工过程监控

加工前图样(测量)　　　　　　　　　　　　　　加工后图样(测量)

小结

六、实训思考题

如图 4-43 所示，用 CAXA 线切割软件对该图进行矢量化操作，完成轨迹生成和 G 代码文件生成，并在电火花线切割加工机床上进行加工。

图 4-43　需要位图矢量化的图形

实训十二　锥度零件的电火花线切割加工

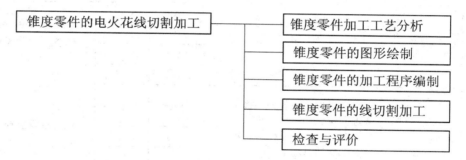

一、实训目的

熟练掌握锥度零件的电火花线切割加工方法。

二、实训项目

锥度零件的电火花线切割加工。

三、实训器材

电火花线切割加工机床、加工工件毛坯。

四、实训内容

1. 锥度零件加工工艺分析

锥度零件的加工通常有两种类型，一种是尖角锥度零件加工，另一种是恒锥度零件加工。

锥度零件加工时，需要采用四轴联动，即 X 轴、Y 轴、U 轴和 V 轴。切割锥度的大小应根据机床的最大切割锥度确定。

锥度零件切割时，还应注意钼丝偏移的角度值，沿切割轨迹方向上是左偏移还是右偏移，这决定了工件上、下表面的形状尺寸大小。倘若上表面形状尺寸大，则切割结束后工件下落时，会将钼丝卡住，造成断丝情况发生。

锥度零件切割时，往往工件比较厚，且钼丝存在扭曲情况，工作液的浓度应降低些，钼丝可选择粗丝，电参数选择大电流、长脉宽。

2．锥度零件的图形绘制和加工程序编制

1) 编程操作步骤

(1) 开启机床，进入机床的主菜单。

(2) 在机床的主菜单下，按 F2(编辑)键，进入"编辑"子菜单。

(3) 在"编辑"子菜单中，按 F1(ISO)键，进入"ISO 代码编程"子菜单。

(4) 在"ISO 代码编程"子菜单中，输入文件名 ZD.ISO。

(5) 在屏幕上输入编程语句后，按 F1(SAVE)键保存，按 F8(退出)键返回。

(6) 在"编辑"子菜单下，按 F8(退出)键返回机床主菜单。

2) 加工程序编制

(1) 尖角锥度零件加工。如图 4-44 所示，尖角锥度零件毛坯尺寸为 20 mm×20 mm×40 mm，毛坯零件须六面磨削加工，在工件毛坯上须加工出穿丝孔，工件毛坯还须淬火处理。加工文件名是 ZD1.ISO。

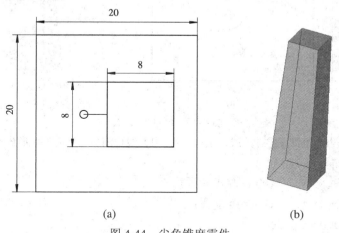

(a)   (b)

图 4-44　尖角锥度零件

(a) 尖角锥度零件的线切割加工图；(b) 线切割加工后的工件形状

G 代码文件如下：

```
G90
G92 X-4000Y0        (穿丝点位置)
G01X-2000
G45                 (相交过渡偏移方式功能代码)
G41D100             (左补偿，补偿量为 0.1 mm)
```

```
G29A1000           (尖角锥度 G 代码)
G01X0
Y4000
X8000
Y-4000
X0
Y0
G27                (取消锥度)
G40                (取消补偿)
G00X-4000          (回穿丝点)
M02                (程序结束)
```

(2) 恒锥度加工。如图 4-45 所示，恒锥度零件毛坯尺寸为 20 mm×20 mm×40 mm，工件毛坯须六面磨削加工，在工件毛坯上须加工穿丝孔，工件毛坯须淬火处理。加工程序文件名是 ZD2.ISO。

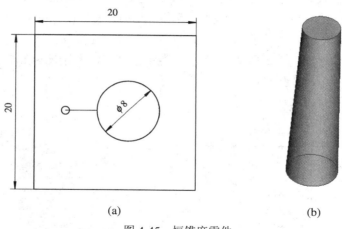

图 4-45　恒锥度零件

(a) 恒锥度零件的线切割加工图；(b) 线切割加工后的工件形状

G 代码文件如下：

```
G90                (绝对方式编程)
G92X-4000Y0        (穿丝点位置)
G01X-2000
G46                (自动圆弧过渡偏移方式功能代码)
G41D100            (左补偿)
G28A1500           (等锥度 G 代码，沿加工轨迹右偏移)
G01X0
G02X8000Y0I4000J0
G02X0Y0I-4000J0
G27                (取消锥度)
G40                (取消补偿)
```

G00X-4000   (回穿丝点)
M02   (程序结束)

3. 锥度零件的线切割加工

1) 工件装夹与定位

将加工工件毛坯装夹到工作台上，并进行定位找正。

2) 钼丝穿丝与找正

将钼丝从穿丝孔穿过，完成穿丝操作；再用钼丝垂直校正器找正钼丝。

3) 锥度零件线切割加工

(1) 开启机床，进入机床的主菜单界面。

(2) 在机床的主界面下，按 F5(人工)键，进入"人工"子菜单，进行钼丝定中心操作。

(3) 在机床的主界面下，按 F7(运行)键，在文件中选择 ZD1.ISO，按"ENTER"键确定，同时进入"运行"子菜单。

(4) 在"运行"子菜单下，按 F1(画图)键，图形将会显示在屏幕上。

(5) 在"运行"子菜单下，按 F2(空运行)键，可在"空运行"子菜单中观察矢量图切割仿真运行情况，特别是看切割方向是否合理，以此判断工件的装夹是否合适。

(6) 在"运行"子菜单下，按 F3(电参数)键，进入"电参数"子菜单，根据工件的情况选择合适的电参数后，按 F8(退出)键返回"运行"子菜单。也可用系统提供的缺省电参数"E0001"。

(7) 在"运行"子菜单下，按 F5(形参数)键，屏幕右侧的中部会出现红色亮条。锥度加工中有三个重要参数必须确定：H1(下导轮中心至编程面的距离/mm)、H2(编程面至参考平面的距离(实际上就是工件的厚度)，若编程面在下，则 H2 为正，反之为负)及 H-GD(上、下导轮中心距)。输入正确的数值后，按"ENTER"键确定，如图 4-46 所示。

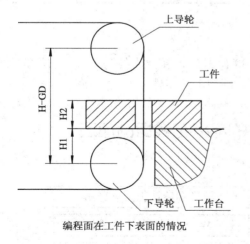
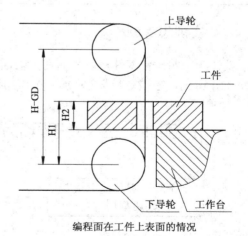

编程面在工件下表面的情况   编程面在工件上表面的情况

图 4-46　编程面的确定

(8) 切割完毕后，按"ENTER"键确认，关闭机床，将工件取下，擦拭干净，清理工作台，并涂上机油。

五、检查与评价

检查与评价表

实训项目	锥度零件的电火花线切割加工		实训日期		
序号	检查项目	检查内容	评　价		备　注
1	锥度零件加工工艺分析	切割方式 电参数的确定	A		视加工工件的切割形状而定
			B		
			C		
			D		
2	锥度零件的图形绘制和加工程序编制	锥度零件的图形绘制 G 代码生成	A		手工编程操作
			B		
			C		
			D		
3	锥度零件的线切割加工	工件毛坯装夹与找正 穿丝和钼丝找正 工件切割路径的确定 线切割加工	A		加工过程监控
			B		
			C		
			D		
加工前图样(测量)			加工后图样(测量)		
小结					

六、实训思考题

设计一个四棱台零件，编程面在上表面，锥度为 1.5°，钼丝直径为 0.18 mm，放电间隙为 0.01 mm，在电火花线切割加工机床上编程，并加工该零件。

实训十三　上下异形零件的电火花线切割加工

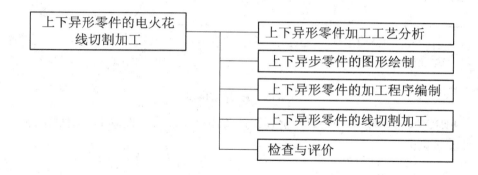

一、实训目的

熟练掌握上下异形零件的电火花线切割加工方法。

二、实训项目

上下异形零件的电火花线切割加工。

三、实训器材

电火花线切割加工机床、加工工件毛坯。

四、实训内容

1．上下异形零件加工工艺分析

上下异形零件是指零件上平面和下平面为不同形状的直纹线切割零件。

现加工一个上圆下方的零件，零件毛坯尺寸为 30 mm×30 mm×20 mm，如图 4-47 所示。在毛坯上加工出穿丝工艺孔。毛坯六面磨削加工，须淬火处理。

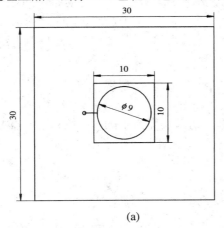
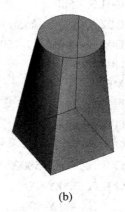

(a)　　　　　　　　　　　　　　　　　(b)

图 4-47　上下异形零件

(a) 上下异形零件线切割加工图；(b) 线切割加工后的工件形状

上下异形零件的上平面是一个直径为 9 mm 的圆，切入长度为 1.5 mm，文件名是 Y.ISO；下平面是一个边长为 10 mm 的正方形，切入长度为 1 mm，文件名是 ZFX.ISO。

由于加工工件的上、下表面为不同形状，且尺寸也不同，因此线切割加工为锥度切割。由于机床切割的最大锥度为 3°/50 mm，因此，上下异形零件的厚度必须要满足线切割加工机床的硬件要求，否则会因钼丝张力过大而被拉断。

上下异形零件加工时，钼丝的穿丝点(起刀点)必须是相同的。切割工件时，工件的上表面为圆形，下表面为方形。上表面的切割面积小，下表面的切割面积大，这样可使工件切割完毕下落时不会将钼丝卡住，造成断丝。

另外，上下异形零件编程的基准面非常重要，它决定了切割工件的厚度和工件的定位尺寸的确定，也就决定了切割锥度的大小。

2．上下异形零件的加工程序编制

1）编程操作

(1) 开启机床，进入机床的主菜单。

(2) 在机床的主菜单下，按 F2(编辑)键，进入"编辑"子菜单。

(3) 在"编辑"子菜单中，按 F1(ISO)键，进入"ISO 代码编程"子菜单。

(4) 在"ISO 代码编程"子菜单中，输入文件名 Y.ISO。

(5) 在屏幕上输入编程语句后，按 F1(SAVE)键保存，按 F8(退出)键返回"编辑"子菜单。

(6) 在"编辑"子菜单中，按 F1(ISO)键，再次进入"ISO 代码编程"子菜单。

(7) 在"ISO 代码编程"子菜单中，输入文件名 ZFX.ISO。

(8) 在屏幕上输入编程语句后，按 F1(SAVE)键保存，按 F8(退出)键返回"编辑"子菜单。

(9) 在"编辑"子菜单下，按 F7(合成)键，生成一个含有四轴联动上下异形的文件 SXYX.ISO。

(10) 按 F8(退出)键返回机床主菜单。

2）上下异形零件的 G 代码

(1) 上平面是一个直径为 9 mm 的圆，切入长度为 1.5 mm。文件名为 Y.ISO。

　　　G92 X-6000 Y0
　　　G01 X-4500 Y0
　　　G02 X4500 Y0 I4500 J0
　　　G02 X-4500 Y0 I-4500 J0
　　　G01 X-6000 Y0
　　　M02

(2) 下平面是一个边长为 10 mm 的正方形，切入长度为 1 mm。文件名为 ZFX.ISO。

　　　G92 X-6000 Y0
　　　G01 X-5000 Y0
　　　G01 X-5000 Y5000
　　　G01 X5000 Y5000
　　　G01 X5000 Y-5000
　　　G01 X5000 Y-5000
　　　G01 X-5000 Y-5000
　　　G01 X-5000 Y0
　　　G01 X-6000 Y0
　　　M02

(3) 上下异形零件合成后的 G 代码文件略。

3．上下异形零件的线切割加工

(1) 工件装夹与定位。将加工工件毛坯装夹到线切割机床的工作台上，并对工件进行找正。

(2) 钼丝穿丝与找正。将钼丝从工件毛坯上的穿丝孔中穿过，完成穿丝操作后，再用钼丝校正器对钼丝进行垂直校准，并进行钼丝定心。

(3) 在机床主菜单下，按 F7(运行)键，在文件中选择文件 SXYX.ISO，按"ENTER"键确定，同时进入"运行"子菜单。

(4) 在"运行"子菜单下，按 F2(空运行)键，可观察图形切割时的仿真运行情况，特别是要仔细观察切割路径是否合理，以此判断工件毛坯装夹是否合适。若不合理，可改变形参数加以调整。按 F8(退出)键返回到"运行"子菜单中。

(5) 在"运行"子菜单中，选择 F3(电参数)键，更改多项电参数，设置适合工件加工的电参数。

(6) 在"运行"子菜单下，按 F5(形参数)键，屏幕右侧的中部会出现红色亮条。锥度加工中有三个重要的参数必须确定：H1(下导轮中心至编程面的距离/mm)、H2(编程面至参考平面的距离(实际上就是工件的厚度)，若编程面在下，则 H2 为正，反之为负)及 H-GD(上、下导轮中心距)。输入正确的数值后，按"ENTER"键确定，如图 4-46 所示。

(7) 在"运行"子菜单下，按 F7（正向割）键，机床将开启工作液泵，开走丝，机床将开始沿锥度图形的切割路径进行切割。若切割过程中，发生断丝现象，机床可按操作在断丝点穿丝或在加工起点穿丝。一般而言，在断丝点穿丝是非常困难的，可让机床重新回到加工起点处，再穿丝后，按 F6(反向割)键，机床沿切割路径方向切割。

(8) 切割完毕后，按"ENTER"键确认，再关闭机床电源。

(9) 将工件取下，擦拭干净，清理工作台，并涂上机油。

五、检查与评价

检查与评价表

实训项目		上下异形零件的电火花线切割加工		实训日期		
序号	检查项目	检查内容		评 价	备 注	
1	上下异形零件加工工艺分析	切割方式 电参数的确定	A		视加工工件的切割形状而定	
			B			
			C			
			D			
2	上下异形零件的绘制和加工编程	上下异形零件的图形绘制 G 代码生成	A		编程操作	
			B			
			C			
			D			
3	上下异形零件的线切割加工	工件毛坯装夹与找正 穿丝和钼丝找正 工件切割路径的确定 线切割加工	A		加工过程监控	
			B			
			C			
			D			
加工前图样(测量)			加工后图样(测量)			
小结						

六、实训思考题

试设计一个上平面是圆形，下平面为正方形的上下异形零件，编写加工程序，并在电火花线切割加工机床上进行加工。

附录 A D7140P 电火花成形机床性能指标

D7140P 电火花成形机床如附图 1 所示,其配用 E06P 控制机,功能丰富,加工速度快;Z 轴采用直流伺服电机;X、Y 轴采用滚珠丝杠结构。它的主要性能指标如附表 1 所示。

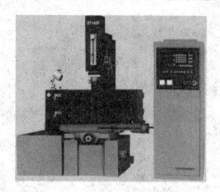

附图 1 D7140P 电火花成形机床

附表 1 D7140P 电火花成形机床的主要性能指标

工作台面尺寸(长×宽)	700 mm×350 mm
工作台行程($X×Y$)	400 mm×300 mm
Z 轴行程	180 mm
辅助 Z 轴行程	250 mm
工作油槽尺寸(长×宽×高)	1100 mm×600 mm×420 mm
最大电极重量	70 kg
最大工件重量	800 kg
最大加工电流	60 A
最大加工速度	400 mm³/min
最小电极损耗	≤0.3%
最佳表面粗糙度	Ra≤1.25 μm
机床供电电源	AC,380 V,50 Hz
电源输入功率	6 kVA
储油箱容量	400 L
控制机包装尺寸(长×宽×高)	950 mm×950 mm×2000 mm
控制机重量	250 kg
机床包装尺寸(长×宽×高)	1900 mm×1500 mm×2200 mm
机床包装重量	1800 kg

附录 B　DK7725e 电火花线切割机床性能指标

　　DK7725e 电火花线切割机床如附图 2 所示，此款机床选用控制机 BKDC；滚珠丝杠，滚动导轨结构；丝架跨距 50～150 mm，可调。它的性能指标如附表 2 所示。

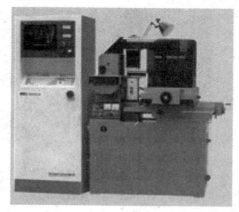

附图 2　DK7725e 线切割机床

附表 2　DK7725e 电火花线切割机床性能指标

工作台面尺寸(长×宽)	560 mm×360 mm
工作台行程($X×Y$)	250 mm×350 mm
最大切割厚度	150 mm
最大切割斜度	±3°/50 mm
最大切割速度	70 mm²/min
最佳加工表面粗糙度	Ra＜2.5 μm
电极丝直径范围	ϕ0.13～0.25 mm
走丝速度	11 m/s
工作台承载重量	120 kg
工作液	线切割专用工作液
工作液箱容量	50 L
机床供电电源	AC，380 V，50 Hz
机床消耗功率	1.5 kVA
机床外形尺寸(长×宽×高)	1533 mm×1460 mm×1446 mm
机床重量	1200 kg

附录 C   DK7725e 电火花线切割机床
控制器菜单简介

一、电火花线切割机床控制器屏幕简介

机床在工作过程中，各种信息均反映在屏幕上，且有其特定的位置，整个屏幕的显示如附图 3 所示。

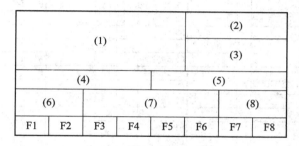

附图 3   线切割机床控制器屏幕

附图 3 中：

(1)——显示图形、数据文件及其他的相关信息；

(2)——显示坐标(P 坐标为零件坐标，M 坐标为机械坐标，A 坐标为绝对坐标)和其他相关信息(如步进电机的频率、加工时间、加工工件长度等)；

(3)——显示当前几何参数和电器参数，如形参数和电规准；

(4)——显示系统提示信息，指导用户操作；

(5)——显示操作结果，告诉用户操作成功或出错；

(6)——显示最近操作的文件名；

(7)——显示版本信息及菜单目前所处的位置；

(8)——显示当前的时间；

F1～F8 是系统菜单。

二、控制器菜单结构简介

DK7725e 电火花线切割机床菜单采用树状结构，自上而下，最上层为系统的主菜单，在主菜单下又可按 F1～F8 进入相应的子菜单。其控制器菜单结构如附图 4 所示。

F1文件	F2编辑	F3测试	F4设置	F5人工		F6语言	F7运行		F8编程
F1 装入	F1 ISO	F1 开泵	F1 坐标	F1 上丝		F6中文简	F1 画图		
F2 存盘	F2 CMD	F2 关泵	F2 间隙	F2 单步		F6中文繁	F2 空运行		
F3 删除	F3 3B	F3 高运丝	F3	F3 相对动		F6英文	F3 电参数		
F4 串行入	F4	F4 低运丝	F4 数据盘	F4 绝对动			F4		
F5 串行出	F5 更新	F5 关运丝	F5 电参数	F5 回垂直			F5 形参数		
F6 DXF	F6 合成	F6	F6 机参数	F6 对边			F6 反向割		
F7 转换	F7 转换	F7 电源	F7 日期	F7 定中心			F7 正向割		
F8 退出	F8 退出	F8 退出	F8 退出	F8 退出			F8 退出		
		F1 丝速		F1 X			F1 放大		
		F2 电流		F2 Y			F2 原图		
		F3 脉宽		F3 U			F3		
		F4 间隔比		F4 V			F4 倍缩小		
		F5 分组宽		F5 单步加			F5 倍放大		
		F6 分组比		F6 单步减			F6 形参数		
		F7 测试		F7			F7		
		F8 退出		F8 退出			F8 退出		
				F1 X			F1 连续		
				F2 Y			F2 单段		
				F3 U			F3		
				F4 V			F4		
				F5 速度加			F5		
				F6 速度减			F6 暂停		
				F7			F7		
				F8 退出			F8 退出		
				F1			F1 丝速		
				F2			F2 电流		
				F3			F3 脉宽		
				F4			F4 间隔比		
				F5 速度加			F5 分组宽		
				F6 速度减			F6 分组比		
				F7 移动			F7 测试		
				F8 退出			F8 退出		
				F1 ＋X			F1 暂停		
				F2 －X			F2 电参数		
				F3 ＋Y			F3 P坐标		
				F4 －Y			F4 A坐标		
				F5			F5 M坐标		
				F6			F6 速度加		
				F7			F7 速度减		
				F8 退出			F8 退出		
				F1 XY					
				F2 YX					
				F3					
				F4					
				F5					
				F6					
				F7					
				F8 退出					

附图 4　线切割机床控制器菜单结构图

三、控制器菜单内容简介

F1(文件)菜单

→F1(装入)——将软盘上的加工文件读入到控制器的硬盘中。

→F2(存盘)——将控制器硬盘中的加工文件写到软盘上。

→F3(删除)——删除软盘或硬盘上的加工文件。

→F4(串行入)——用 RS232 接口输入加工文件。

→F5(串行出)——用 RS232 接口导出加工文件。

→F6(DXF)——将 DXF 文件转换成 ISO(G 代码)加工文件。

→F7(转换)——将 3B 文件转换成 ISO(G 代码)加工文件。

→F8(退出)——退出子菜单，回到主菜单。

F2(编辑)菜单

→F1(ISO)——在屏幕上编辑一个新的 G 代码文件。

→F2(CMD)——在屏幕上编辑一个新的 CMD 文件。

→F3(3B)——在屏幕上编辑一个新的 3B 文件。

→F4(空)。

→F5(更新)——修改 ISO、CMD、3B 文件。

→F6(合成)——仅对 ISO 文件进行合成，先选取 U、V 平面内的文件，再选取 X、Y
平面内的文件，控制器会自动生成上下异形的 ISO 文件。

→F7(校验)——校验 ISO 类型的代码，并给出校验结果。

→F8(退出)——退出子菜单，回到主菜单。

F3(测试)菜单

→F1(开泵)——在测试条件下，打开冷却液泵。

→F2(关泵)——在测试条件下，关闭冷却液泵。

→F3(高运丝)——在测试条件下，高速走丝。

→F4(低运丝)——在测试条件下，低速走丝。

→F5(关运丝)——在测试条件下，关闭走丝。

→F6(空)。

→F7(电源)——在测试条件下，对钼丝上电，主要是确定合理的电规准。可利用控制
器提供的电规准，用 Pgup 和 Pgdn 选择工艺参数库中的电规准。

　　→F1(丝速)——调节钼丝运转速度，可高速或低速。

　　→F2(电流)——调节钼丝上所加电流的大小。

　　→F3(脉宽)——调节钼丝上所加的放电时间的长短，脉宽大，则放电时间长。

　　→F4(间隔比)——调节脉冲间隙比。

　　→F5(分组宽)——调节分组后，组内的脉冲宽度。

　　→F6(分组比)——调节分组后，组内的脉冲间隙比。

　　→F7(测试)——按此键后，机床工作台的步进电机失电，可手动操作工作台来测
试钼丝对工件的放电情况，也可据此判断钼丝对工件的垂直度
情况。

┗→F8(退出)——返回上一级菜单。

　┗→F8(退出)——返回主菜单。

F4(设置)菜单

　┗→此菜单为机床调试时,对机床进行设置。一般操作人员无权更改任何参数,控制器设置密码进行保护。

F5(人工)菜单

　├→F1(上丝)——此功能是向储丝筒上绕制钼丝。按此键后,机床上丝准备,操作者可将钼丝盘装夹在放丝的电机轴上,将钼丝缠绕在储丝筒上,然后按下机床床身上的上丝按钮,就可实现上丝。

　├→F2(单步)——单步是使每个轴独立移动,移动的步数有 ± 1、± 10、± 100 和 ± 1000 μm,移动速度约为 7 mm/min(F1—X、F2—Y、F3—U、F4—V、F5—单步加、F6—单步减、F7—空、F8—退出)。

　├→F3(相对动)——定长移动(F1—X、F2—Y、F3—U、F4—V、F5—速度加、F6—速度减、F7—移动、F8—退出)。

　├→F4(绝对动)——定点移动(F1—X、F2—Y、F3—U、F4—V、F5—速度加、F6—速度减、F7—移动、F8—退出)。

　├→F5(回垂直)——使 U、V 移动到坐标为 0 的位置处。

　├→F6(对边)——用钼丝来接触感知加工工件的边缘。

　　├→F1($X+$)——钼丝向 $X+$ 方向运动去接触工件。

　　├→F2($X-$)——钼丝向 $X-$ 方向运动去接触工件。

　　├→F3($Y+$)——钼丝向 $Y+$ 方向运动去接触工件。

　　├→F4($Y-$)——钼丝向 $Y-$ 方向运动去接触工件。

　　├→F5、F6、F7 均为空。

　　┗→F8(退出)——返回上一级菜单。

　├→F7(定中心)——寻找加工工件的中心位置,即中心找正。

　　├→F1(XY)——钼丝先沿 X 方向寻找工件的中心,然后再沿 Y 方向寻找工件的中心。

　　├→F2(YX)——钼丝先沿 Y 方向寻找工件的中心,然后再沿 X 方向寻找工件的中心。

　　├→F3、F4、F5、F6、F7 均为空。

　　┗→F8(退出)——返回上一级菜单。

　┗→F8(退出)——返回主菜单。

F6(语言)菜单——此菜单可选择语言种类,这里给出三种类型:

　├→F1——中文简。

　├→F2——中文繁。

　├→F3——英文。

　├→F4、F5、F6、F7 均为空。

　┗→F8(退出)——返回主菜单。

F7(运行)菜单

　├→F1(画图)——此菜单功能是将加工工件的图形显示在屏幕上。

→F1(放大)——以窗口的形式改变图形的大小，按 F1 后，窗口上出现十字正交的两条直线，操作者用上、下、左、右的光标箭头移动十字正交的两条直线，就可得到适当大小的放大图形。

→F2(原图)——按 F2 后，放大的图形又重新回到原编程的图形大小。

→F3(空)。

→F4(倍缩小)——按 F4 后，编程的图形按比例缩小。

→F5(倍放大)——按 F5 后，编程的图形按比例放大。

→F6(形参数)——按 F6 后，可在屏幕右侧中间部位出现红色的亮条，操作者用上、下、左、右的光标箭头移动，选择 SCALE 可将加工工件按比例地放大或缩小；选择 ANGLE 可将加工工件旋转一定的角度；按 MIRROR 键可将加工工件沿坐标轴对称镜像。

→F7(空)。

→F8(退出)——返回上一级菜单。

→F2(空运行)——用以在屏幕上模拟线切割加工过程。

　→F1(连续)——按此键后，屏幕上出现绿色亮点，亮点沿切割图形轨迹从穿丝点连续运行到钼丝退出点。

　→F2(单段)——按此键后，屏幕上出现绿色亮点，亮点沿切割图形轨迹从穿丝点一段一段地运行到钼丝退出点。

　→F3、F4、F5 均为空。

　→F6(暂停)——暂停屏幕上模拟切割图形的轨迹。

　→F7(空)。

　→F8(退出)——返回上一级菜单。

→F3(电参数)——用以设定切割加工的电规准。

　→F1(丝速)——调节钼丝运转速度，可高速或低速。

　→F2(电流)——调节钼丝上所加电流的大小。

　→F3(脉宽)——调节钼丝上所加的放电时间的长短，脉宽大，则放电时间长。

　→F4(间隔比)——调节脉冲间隙比。

　→F5(分组宽)——调节分组后，组内的脉冲宽度。

　→F6(分组比)——调节分组后，组内的脉冲间隙比。

　→F7(速度)——调节机床工作台的运行速度，分 10 个等级，分别是 1～10，1 为最慢，10 为最快。

　→F8(退出)——返回上一级菜单。

→F4(空)。

→F5(形参数)——调节方法同 F1(画图)。

→F6(反向割)——逆着切割图形的轨迹来加工工件。

→F7(正向割)——顺着切割图形的轨迹来加工工件。

　→F1(暂停)——暂停切割加工，按 ESC 键恢复加工。

　→F2(电参数)——设置加工的电规准。

　→F3(P 坐标)——按此键，屏幕上显示零件坐标值，可看到步进电机的频率变化。

→F4(A 坐标)——按此键，屏幕上显示绝对坐标值，可看到加工时间。
　　　　→F5(M 坐标)——按此键，屏幕上显示机械坐标值，可看到加工长度。
　　　　→F6(速度加)——按此键后，可增加工作台运行速度。
　　　　→F7(速度减)——按此键后，可降低工作台运行速度。
　　　　→F8(退出)——返回上一级菜单。
　　→F8(退出)——返回主菜单。
F8(编程)菜单
　　→按此键后，控制器系统将进入 CAXA 编程软件。软件的使用方法在第四章的实训
　　课题一中介绍了，此处不再赘述。

附录 D　DK7725e 电火花线切割机床
用 ISO 代码简介

一、ISO 代码概述

ISO 代码标准是国际标准化组织确认和颁布的国际标准，是国际上通用的数控机床语言。电火花线切割机床在加工之前，应按加工图纸要求编写相应的加工程序，所编制程序必须符合下列要求：

(1) ISO 代码有 G 功能代码、M 功能代码和 E 功能代码三种；

(2) 每一程序行只允许含有一种代码；

(3) 程序行开始可标记行号，也可以不标记行号，系统将不对行号检查，仅作为用户自己的标记，方便阅读加工程序；

(4) 程序起始行(G92)必须位于其他所有行之前；

(5) 注释以"%"开始至行尾结束；

(6) 每个程序必须含有结束行(M02)，结束行以下内容系统将被忽略。

二、G 功能代码简介

线切割控制器系统总共提供了 8 大类、17 种 G 功能代码。

1. 移动类 G 功能代码

(1) G01——直线插补功能代码，格式：

　　G01 Xx Yy Uu Vv

其中：X、Y 为工件坐标系中的坐标值，U、V 为相对于 X、Y 的坐标值。

(2) G02——顺时针圆弧插补功能代码，格式：

　　G02 Xx Yy Ii Jj

其中：X、Y 为工件坐标系中的坐标值，I、J 为编程圆心相对于工件起点的 X、Y 坐标差值。

(3) G03——逆时针圆弧插补功能代码，格式：

　　G03 Xx Yy Ii Jj

其中：X、Y 为工件坐标系中的坐标值，I、J 为编程圆心相对于工件起点的 X、Y 坐标差值。

2. 暂停类 G 功能代码

G04——机床暂停时间功能代码，格式：

　　G04 Ff

其中：f 范围为 0～99 999 秒。

机床伺服系统暂停 f 秒，出现提示"Prog pause,press F8 to continue"，按 F8 键或暂停时间到后系统恢复加工。

3．斜度类 G 功能代码

(1) G27——常态加工(无锥度加工)功能代码，格式：

　　G27

(2) G28——恒锥度加工功能代码，格式：

　　G28　Aa

其中：a 从 $-45\,000 \sim 45\,000$，即 $\pm 45°$。

在加工轨迹的几何段上，钼丝只在加工轨迹法线方向倾斜，且倾角为 a。在几何段相交点处，钼丝将沿一个圆锥面运动，以保证恒定锥度和光滑地转到下一几何段。沿加工轨迹方向看，钼丝向右倾斜时，a 大于 0，钼丝向左倾斜时，a 小于 0。

(3) G29——尖角锥度加工功能代码，格式：

　　G29　Aa

在加工轨迹的几何段上，G29 使钼丝倾角在加工轨迹方向连续变化，在加工轨迹法线方向保持恒值 a，这样在几何段相交点处电极丝倾角等于下一几何段起点之倾角。

4．偏移类 G 功能代码

(1) G40——取消偏移功能代码，格式：

　　G40

(2) G41——左偏移功能代码，格式：

　　G41　Dd

其中：d 范围为 $0 \sim 9999\ \mu m$。

G41 使补偿轨迹沿加工轨迹方向左偏移一个 d 的距离。

(3) G42——右偏移功能代码，格式：

　　G42　Dd

5．偏移方式类 G 功能代码(缺省为 G45)

(1) G45——相交过渡偏移方式功能代码，格式：

　　G45

(2) G46——自动圆弧过渡偏移方式功能代码，格式：

　　G46

在一种偏移方式下无法实现时，系统将转换到另一种方式。

6．单位类 G 功能代码(缺省为 G71)

(1) G70——英制单位(inch)功能代码，格式：

　　G70

(2) G71——公制单位(mm)功能代码，格式：

　　G71

7．编程方式类 G 功能代码(缺省为 G90)

(1) G90——绝对编程方式功能代码，格式：

　　G90

(2) G91——增量编程方式功能代码，格式：

G91

8．起点类 G 功能代码

G92——定义工件坐标功能代码，格式：

G92　Xx Yy Uu Vv

功能为定义当前点为工件坐标系中的(x，y，u，v)点，缺省为(0，0，0，0)。

三、M 功能代码简介

线切割控制器系统支持 4 种 M 功能码。

(1) M00——停止加工功能代码。

工件加工中使用跳步加工时，采用此代码。加工过程中，当执行到该语句时，控制器系统将关闭脉冲电源，屏幕下方出现提示"Press Enter to continue cut"，用户按"ENTER"键后，系统恢复加工。

(2) M02——加工结束功能代码。

(3) M20——开运丝电机、工作液泵和加工电源功能代码。

(4) M21——关运丝电机、工作液泵和加工电源功能代码。

四、E 功能代码简介

Ee 中，e 为加工工艺数据库中的代码，表示可调用工艺数据库中的第 e 套参数。

系统提供了一个工艺数据库，共 100 套工艺参数，编号为 E1011～E4048，其中前 50 套(E1011～E3025)是厂家设定给用户的，不可更改，后 50 套参数(E0001～E4048)仅供用户参考，用户可以储存自己的加工参数。用户要调用第 E1011 套参数，则在 ISO 代码中写入 E1011 即可。若用户在加工过程中要调用 E1011，用户可进入电参数修改菜单，用"PgUp"和"PgDn"键选择。电参数各位对应的含义如附图 5 所示。

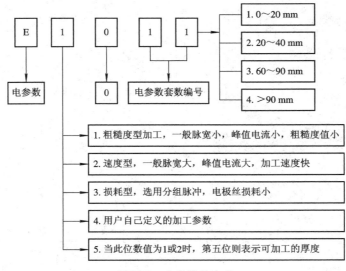

附图 5　电参数的命名

此外，控制器系统还提供两套特殊参数：

E0001——控制器系统的缺省线切割参数；

USER——控制器系统用于存放加工过程中用户修改过的电参数。

附录 E　电火花线切割加工工人等级标准

本标准是中国机械工程学会电加工学会教育培训委员会根据原机械工业部 1986 年 10 月修订后的"工人技术等级标准"中的"电火花加工工"改写而成的。

一、初级工

1．应知

(1) 电火花线切割机床的名称、型号、性能、结构及一般传动关系。

(2) 电火花线切割机床的工作液的作用、规格型号及润滑系统。

(3) 电火花线切割机床的使用规则及保养方法。

(4) 自用机床附件的使用规则和保养方法。

(5) 常用工具、夹具、量具的名称、规格和用途。

(6) 常用工件材料的种类和牌号。

(7) 常用电极丝材料的种类、名称、规格、性能和用途。

(8) 机械制图的基本知识。

(9) 公差配合、形位公差和表面粗糙度的基本知识。

(10) 常用数学计算知识。

(11) 热处理的基本知识。

(12) 电工的基本知识。

(13) 电火花线切割加工原理和主要名词术语。

(14) 电火花线切割机床附件的使用及维护保养。

2．应会

(1) 电火花线切割机床附件的使用及维护保养。

(2) 工具、夹具、量具的正确使用及维护保养方法。

(3) 工作液的配制及使用方法。

(4) 在通用和专用夹具上安装一般工件的方法。

(5) 使用一般仪器观察加工状态的方法。

(6) 变频进给的合理调整方法。

(7) 根据加工对象合理选择电参数。

(8) 电火花线切割机床常见故障现象的判别。

(9) 一般零件图的看法及简单零件线切割草图的绘制方法。

(10) 编制简单零件线切割加工程序的方法。

(11) 正确执行安全技术规程。

(12) 装拆电火花线切割机床导轮及校正电极丝垂直度的方法。

3．工作实例

(1) 在电火花线切割机床上加工简单凸模和凹模。

(2) 编程前的准备及工件校准。

(3) 正确使用线切割工艺孔。

(4) 切割薄片零件。

二、中级工

1．应知

(1) 各种常用电火花线切割机床的性能、结构和调整方法。

(2) 电火花线切割机床的控制原理及框图。

(3) 电工和电子基本知识。

(4) 电火花线切割机床常用的电器。

(5) 模具电火花线切割加工步骤及要求。

(6) 电火花线切割机床的精度检验方法。

(7) 线切割脉冲电源参数对切割速度、表面粗糙度和电极丝损耗的影响。

(8) 电火花线切割加工中产生废品的原因及预防方法。

2．应会

(1) 排除电火花线切割机床常见故障的方法。

(2) 线切割自动编程。

(3) 一般脉冲电源的电路图及常见的故障排除方法。

(4) 用示波器观察和分析加工状态的方法。

(5) 电火花线切割加工的某些工艺技术。

(6) 确定突然停电点坐标的方法。

(7) 根据切割出图形的误差特点来推测机床的机械误差及故障。

(8) 排除电火花线切割机床步进电机失步等故障。

3．工作实例

(1) 用坐标加工凸轮。

(2) 在电火花线切割机床上加工多孔级进模。

(3) 加工压制波浪形圆弹簧片的模具。

(4) 在电火花线切割机床上加工穿丝孔。

三、高级工

1．应知

(1) 国内外典型电火花线切割机床的特点。

(2) 电火花线切割加工的基本理论知识。

(3) 计算机在电火花线切割加工领域中应用的基本知识(CAD/CAM)。

(4) 国外电火花线切割机床控制系统特点。

2．应会

(1) 减少或防止线切割加工中工件的变形和开裂的方法。

(2) 分析丝杠螺母间隙对线切割工件几何精度的影响。

(3) 提高线切割加工齿轮模具的精度方法。

(4) 电火花线切割表面质量分析。

3．工作实例

(1) 在电火花线切割机床上加工超坐标尺寸的工件。

(2) 在电火花线切割机床上磨削小孔。

(3) 同时一次切出凸模和凹模。

参 考 文 献

[1]　刘晋春，赵家齐，赵万生. 特种加工. 4 版. 北京：机械工业出版社，2004.

[2]　罗学科，李跃中. 数控电加工机床. 北京：化学工业出版社，2003.

[3]　单岩，夏天. 数控电火花加工. 北京：机械工业出版社，2005.

[4]　张辽远. 现代加工技术. 北京：机械工业出版社，2002.

[5]　吕创新. 模具制造技能训练. 北京：新世纪出版社，2005.

[6]　马名峻，等. 电火花加工技术在模具制造中的应用. 北京：化学工业出版社，2004.

[7]　单岩，夏天. 数控线切割加工. 北京：机械工业出版社，2004.

[8]　董丽华，王东胜，佟锐. 数控电火花加工实用技术. 北京：电子工业出版社，2005.

[9]　李忠文. 电火花机和线切割机编程与机电控制. 北京：化学工业出版社，2004.

[10]　冯炳尧. 模具设计与制造简明手册. 2 版. 上海：上海科学技术出版社，1998.